中文版
CorelDRAW X7
基础培训教程

数字艺术教育研究室◎编著

U0277538

人民邮电出版社
北京

图书在版编目（CIP）数据

中文版CorelDRAW X7基础培训教程 / 数字艺术教育
研究室编著. -- 北京：人民邮电出版社，2016.5（2023.12重印）
　ISBN 978-7-115-42139-5

　Ⅰ．①中… Ⅱ．①数… Ⅲ．①图形软件—教材 Ⅳ.
①TP391.41

中国版本图书馆CIP数据核字(2016)第070105号

内 容 提 要

本书全面系统地介绍了CorelDRAW X7的基本操作方法和矢量图形的制作技巧，包括初识CorelDRAW X7，绘制和编辑图形，绘制和编辑曲线，编辑轮廓线与填充颜色，排列和组合对象，编辑文本，编辑位图，应用特殊效果，以及商业案例实训等内容。

本书内容均以课堂案例为主线，通过对各案例的实际操作，读者可以快速上手，熟悉软件功能和艺术设计思路。书中的软件功能解析部分使学生能够深入学习软件功能；课堂练习和课后习题可以拓展学生的实际应用能力，提高学生的软件使用技巧；商业案例实训可以帮助学生快速地掌握商业图形的设计理念和设计元素，以顺利达到实战水平。

本书适合作为院校和培训机构艺术专业课程的教材，也可作为CorelDRAW X7的自学人员的参考用书。

　◆　编　　著　数字艺术教育研究室
　　　责任编辑　杨　璐
　　　责任印制　陈　犇
　◆　人民邮电出版社出版发行　　北京市丰台区成寿寺路11号
　　　邮编　100164　电子邮件　315@ptpress.com.cn
　　　网址　https://www.ptpress.com.cn
　　　固安县铭成印刷有限公司印刷
　◆　开本：787×1092　1/16
　　　印张：17.75　　　　　　　　2016年5月第1版
　　　字数：463千字　　　　　　　2023年12月河北第33次印刷

定价：39.00元（附光盘）

读者服务热线：(010)81055410　印装质量热线：(010)81055316
反盗版热线：(010)81055315

前　言

CorelDRAW X7 是由 Corel 公司开发的矢量图形处理和编辑软件，它功能强大、易学易用，深受图形图像处理爱好者和平面设计人员的喜爱，已成为这一领域最流行的软件之一。目前，我国很多院校和培训机构的艺术专业，都将 CorelDRAW X7 作为一门重要的专业课程。为了帮助院校和培训机构的教师比较全面、系统地讲授这门课程，使学生能够熟练地使用 CorelDRAW X7 进行设计创意，数字艺术教育研究室组织院校从事 CorelDRAW X7 教学的教师和专业平面设计公司经验丰富的设计师共同编写了本书。

内容特点

在编写体系方面，做了精心的设计，按照"课堂案例 – 软件功能解析 – 课堂练习 – 课后习题"这一思路进行编排，力求通过课堂案例演练使学生快速熟悉软件功能和艺术设计思路；通过软件功能解析，使学生深入学习软件的功能和制作特色；通过课堂练习和课后习题，拓展学生的实际应用能力。

在内容编写方面，力求通俗易懂、细致全面；在文字叙述方面，注意言简意赅、重点突出；在案例选取方面，强调案例的针对性和实用性。

配套光盘及资源下载

本书配套光盘中包含了书中所有案例、课堂练习和课后习题的素材及效果文件。另外，如果读者是老师，购买本书作为授课教材，本书还将为读者提供教学大纲、备课教案、教学 PPT，以及课堂实战演练和课后综合演练操作答案等相关教学资源包，老师在讲课时可直接使用，也可根据自身课程任意修改课件、教案。教学资源文件已作为学习资料提供下载，扫描右侧二维码即可获得文件下载方式。

如果大家在阅读或使用过程中遇到任何与本书相关的技术问题或者需要什么帮助，请发邮件至szys@ptpress.com.cn，我们会尽力为大家解答。

学时分配参考

本书的参考学时为 60 学时，其中实训环节为 25 学时，各章的参考学时参见下面的学时分配表。

章　序	课　程　内　容	学　时　分　配	
		讲　授	实　训
第 1 章	初识 CorelDRAW X7	2	
第 2 章	绘制和编辑图形	4	3
第 3 章	绘制和编辑曲线	4	2
第 4 章	编辑轮廓线与填充颜色	4	3
第 5 章	排列和组合对象	3	2
第 6 章	编辑文本	4	3
第 7 章	编辑位图	4	2
第 8 章	应用特殊效果	4	3
第 9 章	商业案例实训	6	7
学　时　总　计		35	25

由于时间仓促，编写水平有限，书中难免存在错误和不妥之处，敬请广大读者批评指正。

编　者

CorelDRAW 教学辅助资源及配套教辅

素材类型	名称或数量	素材类型	名称或数量
教学大纲	1 套	课堂实例	26 个
电子教案	9 单元	课后实例	38 个
PPT 课件	9 个	课后答案	38 个
第 2 章 绘制和编辑图形	绘制简易标识	第 8 章 应用特殊效果	制作葡萄酒广告
	绘制装饰画		制作牛奶包装
	绘制卡通丛林画		制作冰淇淋海报
	绘制遥控器		制作手机海报
	绘制记事本		制作音乐会海报
第 3 章 绘制和编辑曲线	绘制香水瓶		制作抽奖海报
	绘制苹果		制作招聘海报
	绘制校车		制作商城宣传单
	绘制小羊插画		制作房地产宣传单
	绘制矢量元素画		制作化妆品宣传单
第 4 章 编辑轮廓线 与填充颜色	绘制小天使		制作我为歌声狂宣传单
	绘制卡通电视		制作西餐厅宣传单
	绘制底纹		制作网页广告
	绘制时尚插画		制作汽车广告
	绘制风景插画		制作商场广告
第 5 章 排列和组合对象	制作室内平面图		制作数码产品广告
	绘制图标	第 9 章 商业案例实训	制作情人节广告
	制作摄影师的秘密书籍封面		制作摄影杂志封面
	制作散文诗书籍封面		制作旅游影像杂志封面
第 6 章 编辑文本	制作商场海报		制作汽车杂志封面
	制作台历		制作旅游杂志封面
	制作根雕杂志内页		制作旅游杂志内页
	制作滴眼露宣传卡		制作旅游书籍封面
	制作旅游宣传单		制作花卉书籍封面
	制作时尚杂志封面		制作旅行英语书籍封面
第 7 章 编辑位图	制作饮食宣传单		制作古城风景书籍封面
	制作足球门票		制作异域兵主书籍封面
	制作夜吧海报		制作婴儿奶粉包装
第 8 章 应用特殊效果	制作传统文字书籍封面		制作牛奶包装
	制作包装盒		制作 CD 包装
	制作音乐卡片		制作香粽包装
	绘制菊花		制作午后甜点包装

目　录

第1章

初识 CorelDRAW X7

CorelDRAW X7 的基础知识和基本操作是软件学习的基础。本章将主要介绍 CorelDRAW X7 的工作环境、文件的操作方法、页面布局的编辑方法和图形图像的基础知识。通过对本章的学习，读者可以达到初步认识和简单使用这一创作工具的目的，为后期的设计制作工作打下坚实的基础。

课堂学习目标

- 熟悉 CorelDRAW X7 中文版的工作界面
- 熟练掌握文件的基础操作
- 掌握页面布局的设置
- 了解图像的基础知识

1.1 CorelDRAW X7 中文版的工作界面

本节将介绍 CorelDRAW X7 中文版的工作界面,并简单介绍一下 CorelDRAW X7 中文版的菜单、标准工具栏、工具箱及泊坞窗。

1.1.1 工作界面

CorelDRAW X7 中文版的工作界面主要由"标题栏""菜单栏""标准工具栏""属性栏""工具箱""标尺""调色板""页面控制栏""状态栏""泊坞窗"和"绘图页面"等部分组成,如图1-1 所示。

图 1-1

标题栏:用于显示软件和当前操作文件的文件名,还可以用于调整 CorelDRAW X7 中文版窗口的大小。

菜单栏:集合了 CorelDRAW X7 中文版中的所有命令,并将它们分门别类地放置在不同的菜单中,供用户选择使用。执行 CorelDRAW X7 中文版菜单中的命令是最基本的操作方式。

标准工具栏:提供了最常用的几种操作按钮,可使用户轻松地完成几个最基本的操作任务。

工具箱:分类存放着 CorelDRAW X7 中文版中最常用的工具,这些工具可以帮助用户完成各种工作。使用工具箱,可以大大简化操作步骤,以提高工作效率。

标尺:用于度量图形的尺寸并对图形进行定位,是进行平面设计工作不可缺少的辅助工具。

绘图页面:指绘图窗口中带矩形边沿的区域,只有此区域内的图形才可被打印出来。

页面控制栏:可以用于创建新页面并显示 CorelDRAW X7 中文版中文档各页面的内容。

状态栏:可以为用户提供有关当前操作的各种提示信息。

属性栏：显示了所绘制图形的信息，并提供了一系列可对图形进行相关修改操作的工具。

泊坞窗：这是 CorelDRAW X7 中文版中最具特色的窗口，因其可放在绘图窗口边缘而得名；它提供了许多常用的功能，使用户在创作时更加得心应手。

调色板：可以直接对所选定的图形或图形边缘的轮廓线进行颜色填充。

1.1.2 使用菜单

CorelDRAW X7 中文版的菜单栏包含"文件""编辑""视图""布局""对象""效果""位图""文本""表格""工具""窗口"和"帮助"等几个大类，如图 1-2 所示。

文件(F)　编辑(E)　视图(V)　布局(L)　对象(C)　效果(C)　位图(B)　文本(X)　表格(T)　工具(O)　窗口(W)　帮助(H)

图 1-2

单击每一类的按钮都将弹出其下拉菜单。如单击"编辑"按钮，将弹出如图 1-3 所示的"编辑"下拉菜单。

最左边为图标，它和工具栏中具有相同功能的图标一致，以便于用户记忆和使用。

最右边显示的组合键则为操作快捷键，便于用户提高工作效率。

某些命令后带有▶按钮，表明该命令还有下一级菜单，将光标停放在其上即可弹出下拉菜单。

某些命令后带有…按钮，单击该命令即可弹出对话框，允许对其进行进一步设置。

此外，"编辑"下拉菜单中有些命令呈灰色状，表明该命令当前还不可使用，需进行一些相关的操作后方可使用。

图 1-3

1.1.3 使用工具栏

在菜单栏的下方通常是工具栏，CorelDRAW X7 中文版的"标准"工具栏如图 1-4 所示。

图 1-4

这里存放了最常用的命令按钮，如"新建""打开""保存""打印""剪切""复制""粘贴""撤销""重做""搜索内容""导入""导出""发布为 PDF""缩放级别""全屏预览""显示标尺""显示网格""显示辅助线""贴齐""欢迎屏幕""选项"和"应用程序启动器"等。它们可以使用户便捷地完成以上这些最基本的操作动作。

此外，CorelDRAW X7 中文版还提供了其他一些工具栏，用户可以在"选项"对话框中选择它们。选择"窗口 > 工具栏 > 文本"命令，则可显示"文本"工具栏，"文本"工具栏如图 1-5 所示。

文本　　　　　　　　　　　　　　　　　　　　　　　　　　　×
O Arial　　　▼　12 pt　▼　B　I　U　　　　　　　　　　　　　　O

图 1-5

选择"窗口 > 工具栏 > 变换"命令，则可显示"变换"工具栏，"变换"工具栏如图 1-6 所示。

图 1-6

1.1.4　使用工具箱

CorelDRAW X7 中文版的工具箱中放置着在绘制图形时最常用到的一些工具，这些工具是每一个软件使用者都必须掌握的基本操作工具。CorelDRAW X7 中文版的工具箱如图 1-7 所示。

在工具箱中，依次分类排放着"选择"工具、"形状"工具、"裁剪"工具、"缩放"工具、"手绘"工具、"艺术笔"工具、"矩形"工具、"椭圆形"工具、"多边形"工具、"基本形状"工具、"文本"工具、"表格"工具、"平行度量"工具、"直线连接器"工具、"阴影"工具、"颜色滴管"工具、"轮廓笔"工具、"智能填充"工具和"交互式填充"工具等几大类。

其中，有些工具按钮带有小三角标记◢，表明还有展开工具栏，用光标按住它即可展开。例如，按住"阴影"工具 □，将展开工具栏，如图 1-8 所示。

图 1-7　　　　　　　图 1-8

1.1.5　使用泊坞窗

CorelDRAW X7 中文版的泊坞窗，是一个十分有特色的窗口。当打开这一窗口时，它会停靠在

绘图窗口的边缘,因此被称为"泊坞窗"。选择"窗口 > 泊坞窗 > 对象属性"命令,或按 Alt+Enter
组合键,即可弹出如图 1-9 右侧所示的"对象属性"泊坞窗。

图 1-9

还可将泊坞窗拖曳出来,放在任意的位置,并可通过单击窗口右上角的▶▶和▦按钮将窗口折叠
或展开,如图 1-10 所示。因此,它又被称为"卷帘工具"。

CorelDRAW X7 中文版泊坞窗的列表,位于"窗口 > 泊坞窗"子菜单中。可以选择"泊坞窗"
下的各个命令,以打开相应的泊坞窗。用户可以打开一个或多个泊坞窗,当几个泊坞窗都打开时,
除了活动的泊坞窗之外,其余的泊坞窗将沿着泊坞窗的边沿以标签形式显示,效果如图 1-11 所示。

图 1-10

图 1-11

1.2 文件的基本操作

掌握一些基本的文件操作方法,是开始设计和制作作品所必需的。下面将介绍 CorelDRAW X7
中文版的一些基本操作。

1.2.1　新建和打开文件

1．使用 CorelDRAW X7 启动时的欢迎窗口新建和打开文件

启动时的欢迎窗口如图 1-12 所示。单击"新建文档"图标，可以建立一个新的文档；单击"从模板新建"图标，可以使用系统默认的模板创建文件；单击"打开其他文档"图标，弹出如图 1-13 所示的"打开绘图"对话框，可以从中选择要打开的图形文件；单击"打开最近用过的文档"下方的文件名，可以打开最近编辑过的图形文件，在左侧的"最近使用过的文件预览"框中显示选中文件的效果图，在"文件信息"框中显示文件名称、文件创建时间和位置、文件大小等信息。

图 1-12

图 1-13

2．使用命令和快捷键新建和打开文件

选择"文件 > 新建"命令，或按 Ctrl+N 组合键，可新建文件。选择"文件 > 从模板新建"或"打开"命令，或按 Ctrl+O 组合键，可打开文件。

3．使用标准工具栏新建和打开文件

也可以使用 CorelDRAW X7 标准工具栏中的"新建"按钮　和"打开"按钮　来新建和打开文件。

1.2.2　保存和关闭文件

1．使用命令和快捷键保存文件

选择"文件 > 保存"命令，或按 Ctrl+S 组合键，可保存文件。选择"文件 > 另存为"命令，或按 Ctrl+Shift+S 组合键，可更名保存文件。

如果是第一次保存文件，在执行上述操作后，会弹出如图 1-14 所示的"保存绘图"对话框。在对话框中，可以设置"文件路径""文件名""保存类型"和"版本"等保存选项。

2．使用标准工具栏保存文件

使用 CorelDRAW X7 标准工具栏中的"保存"按钮　来保存文件。

图 1-14

3. 使用命令、快捷键或按钮关闭文件

选择"文件 > 关闭"命令，或按 Alt+F4 组合键，或单击绘图窗口右上角的"关闭"按钮⊠，可关闭文件。

此时，如果文件未保存，将弹出如图 1-15 所示的提示框，询问用户是否保存文件。单击"是"按钮，则保存文件；单击"否"按钮，则不保存文件；单击"取消"按钮，则取消保存操作。

图 1-15

1.2.3 导出文件

1. 使用命令和快捷键导出文件

选择"文件 > 导出"命令，或按 Ctrl+E 组合键，弹出如图 1-16 所示的"导出"对话框。在对话框中，可以设置"文件路径""文件名"和"保存类型"等选项。

图 1-16

2. 使用标准工具栏导出文件

使用 CorelDRAW X7 标准工具栏中的"导出"按钮 🖳 也可以将文件导出。

1.3 设置页面布局

使用"选择"工具属性栏可以轻松地进行 CorelDRAW X7 版面的设置。选择"选择"工具 ▷，选择"工具 > 选项"命令，或单击标准工具栏中的"选项"按钮；或按 Ctrl+J 组合键，弹出"选项"对话框。在该对话框中单击"自定义 > 命令栏"选项，再勾选"属性栏"选项，如图 1-17 所示；然后单击"确定"按钮，则可显示如图 1-18 所示的"选择"工具属性栏。在属性栏中，可以设置纸张的类型大小和纸张的高度宽度、纸张的放置方向等。

图 1-17

图 1-18

1.3.1　设置页面大小

使用"布局"菜单下的"页面设置"命令，可以进行更详细的设置。选择"布局 > 页面设置"命令，弹出"选项"对话框，如图 1-19 所示。

在"页面尺寸"选项中可以对页面大小和方向进行设置，还可设置页面出血、分辨率等选项。

选择"布局"选项，则"选项"对话框如图 1-20 所示，可从中选择版面的样式。

图 1-19

图 1-20

1.3.2　设置页面标签

选择"标签"选项，则"选项"对话框如图 1-21 所示。这里汇集了由 40 多家标签制造商设计的 800 多种标签格式供用户选择。

图 1-21

1.3.3　设置页面背景

选择"背景"选项，则"选项"对话框如图 1-22 所示，可以从中选择纯色或位图图像作为绘图页面的背景。

图 1-22

1.3.4　插入、删除与重命名页面

1．插入页面

选择"布局 > 插入页"命令，弹出如图 1-23 所示的"插入页面"对话框。在对话框中，可以设置插入的页面数目、位置、页面大小和方向等选项。

在 CorelDRAW X7 状态栏的页面标签上单击鼠标右键，弹出如图 1-24 所示的快捷菜单，在菜单中选择插入页的命令，即可插入新页面。

图 1-23

图 1-24

2．删除页面

选择"布局 > 删除页面"命令，弹出如图 1-25 所示的"删除页面"对话框。在该对话框中，可以设置要删除的页面序号，另外还可以同时删除多个连续的页面。

3．重命名页面

选择"布局 > 重命名页面"命令，弹出如图 1-26 所示的"重命名页面"对话框。在对话框中的"页名"选项中输入名称，单击"确定"按钮，即可重命名页面。

图 1-25

图 1-26

1.4　图形和图像的基础知识

如果想要应用好 CorelDRAW X7，就需要对图像的种类、色彩模式及文件格式有所了解和掌握。下面将进行详细的介绍。

1.4.1　位图与矢量图

在计算机中，图像大致可以分为两种：位图图像和矢量图像。位图图像效果如图 1-27 所示，矢量图像效果如图 1-28 所示。

图 1-27

图 1-28

位图图像又称为点阵图，是由许多点组成的，这些点称为像素。许多不同色彩的像素组合在一起便构成了一幅图像。由于位图采取了点阵的方式，每个像素都能够记录图像的色彩信息，因而可以精确地表现色彩丰富的图像。但图像的色彩越丰富，图像的像素就越多（即分辨率越高），文件也就越大，因此处理位图图像时，对计算机硬盘和内存的要求也较高。同时由于位图本身的特点，图像在缩放和旋转变形时会产生失真的现象。

矢量图像是相对位图图像而言的，也称为向量图像，它是以数学的矢量方式来记录图像内容的。矢量图像中的图形元素称为对象，每个对象都是独立的，具有各自的属性（如颜色、形状、轮廓、大小和位置等）。矢量图像在缩放时不会产生失真的现象，并且它的文件占用的内存空间较小。这种图像的缺点是不易制作色彩丰富的图像，无法像位图图像那样精确地描绘各种绚丽的色彩。

这两种类型的图像各具特色，也各有优缺点，并且两者之间具有良好的互补性。因此，在图像处理和绘制图形的过程中，将这两种图像交互使用，取长补短，一定能使创作出来的作品更加完美。

1.4.2　色彩模式

CorelDRAW X7 提供了多种色彩模式，这些色彩模式提供了把色彩协调一致地用数值表示的方法，这些色彩模式是设计制作的作品能够在屏幕和印刷品上成功表现的重要保障。在这些色彩模式中，经常使用到的有 RGB 模式、CMYK 模式、Lab 模式、HSB 模式及灰度模式等。每种色彩模式都有不同的色域，读者可以根据需要选择合适的色彩模式，并且各个模式之间可以互相转换。

1. RGB 模式

RGB 模式是工作中使用最广泛的一种色彩模式。RGB 模式是一种加色模式，它通过红、绿、蓝 3 种色光相叠加而形成更多的颜色。同时 RGB 也是色光的彩色模式，一幅 24 比特的 RGB 图像有 3 个色彩信息的通道：红色（R）、绿色（G）和蓝色（B）。

每个通道都有 8 位的色彩信息———一个 0 ~ 255 的亮度值色域。RGB 3 种色彩的数值越大，颜色就越浅，如 3 种色彩的数值都为 255 时，颜色被调整为白色；RGB 3 种色彩的数值越小，颜色就越深，如 3 种色彩的数值都为 0 时，颜色被调整为黑色。

3 种色彩的每一种色彩都有 256 个亮度水平级。3 种色彩相叠加，可以有 256×256×256=1670 万种可能的颜色。这 1670 万颜色足以表现出这个绚丽多彩的世界。用户使用的显示器就是 RGB 模式的。

选择 RGB 模式的操作步骤为选择"编辑填充"工具 ，或按 Shift+F11 组合键，弹出"编辑填充"对话框，在对话框中单击"均匀填充"按钮 ，选择"RGB"颜色模式，如图 1-29 所示。在对话框中设置 RGB 颜色值。

图 1-29

在编辑图像时，RGB 色彩模式应是最佳的选择。因为它可以提供全屏幕的多达 24 位的色彩范围，一些计算机领域的色彩专家称之为"True Color"真彩显示。

2. CMYK 模式

CMYK 模式在印刷时应用了色彩学中的减法混合原理，它通过反射某些颜色的光并吸收另外一些颜色的光，来产生不同的颜色，是一种减色色彩模式。CMYK 代表了印刷上用的 4 种油墨色：C 代表青色，M 代表洋红色，Y 代表黄色，K 代表黑色。CorelDRAW X7 默认状态下使用的就是 CMYK 模式。

CMYK 模式是图片和其他作品中最常用的一种印刷方式。这是因为在印刷中通常都要进行四色分色，出四色胶片，然后再进行印刷。

选择 CMYK 模式的操作步骤为选择"编辑填充"工具 🖾，在弹出的"编辑填充"对话框中单击"均匀填充"按钮 ▣，选择"CMYK"颜色模式，如图 1-30 所示。在对话框中设置 CMYK 颜色值。

图 1-30

3．Lab 模式

Lab 是一种国际色彩标准模式，它由 3 个通道组成：一个通道是透明度，即 L；另外两个是色彩通道，即色相和饱和度，用 a 和 b 表示。a 通道包括的颜色值从深绿到灰，再到亮粉红色；b 通道是从亮蓝色到灰，再到焦黄色。这些色彩混合后将产生明亮的色彩。

选择 Lab 模式的操作步骤为选择"编辑填充"工具 🖾，在弹出的"编辑填充"对话框中单击"均匀填充"按钮 ▣，选择"Lab"颜色模式，如图 1-31 所示。在对话框中设置 Lab 颜色值。

图 1-31

Lab 模式在理论上包括人眼可见的所有色彩，它弥补了 CMYK 模式和 RGB 模式的不足。在这种模式下，图像的处理速度比在 CMYK 模式下快数倍，与 RGB 模式的速度相仿，而且在把 Lab 模式转成 CMYK 模式的过程中，所有的色彩不会丢失或被替换。事实上，将 RGB 模式转换成 CMYK 模式时，Lab 模式一直扮演着中介者的角色。也就是说，RGB 模式先转成 Lab 模式，然后再转成 CMYK 模式。

4．HSB 模式

HSB 模式是一种更直观的色彩模式，它的调色方法更接近人的视觉原理，在调色过程中更容易找到所需要的颜色。

　　H 代表色相，S 代表饱和度，B 代表亮度。色相的意思是纯色，即组成可见光谱的单色。红色为 0 度，绿色为 120 度，蓝色为 240 度。饱和度代表色彩的纯度，饱和度为零时即为灰色，黑、白两种色彩没有饱和度。亮度是色彩的明亮程度，最大亮度是色彩最鲜明的状态，黑色的亮度为 0。

　　进入 HSB 模式的操作步骤为选择"编辑填充"工具，在弹出的"编辑填充"对话框中单击"均匀填充"按钮，选择"HSB"颜色模式，如图 1-32 所示。在对话框中设置 HSB 颜色值。

图 1-32

5．灰度模式

　　灰度模式形成的灰度图又叫 8 比特深度图。每个像素用 8 个二进制位表示，能产生 2^8 即 256 级灰色调。当彩色文件被转换为灰度模式文件时，所有的颜色信息都将从文件中丢失。尽管 CorelDRAW X7 允许将灰度文件转换为彩色模式文件，但不可能将原来的颜色完全还原。所以，当要转换灰度模式时，请先做好图像的备份。

　　像黑白照片一样，灰度模式的图像只有明暗值，没有色相和饱和度这两种颜色信息。0%代表黑，100%代表白。

　　将彩色模式转换为双色调模式时，必须先转换为灰度模式，然后由灰度模式转换为双色调模式。在制作黑白印刷品时会经常使用灰度模式。

　　进入灰度模式操作的步骤为：选择"编辑填充"工具，在弹出的"编辑填充"对话框中单击"均匀填充"按钮，选择"灰度"颜色模式，如图 1-33 所示。在对话框中设置灰度值。

图 1-33

1.4.3 文件格式

CorelDRAW X7 中有 20 多种文件格式可供选择。在这些文件格式中，既有 CorelDRAW X7 的专用格式，也有用于应用程序交换的文件格式，还有一些比较特殊的格式。

CDR 格式：CDR 格式是 CorelDRAW X7 的专用图形文件格式。由于 CorelDRAW X7 是矢量图形绘制软件，所以 CDR 可以记录文件的属性、位置和分页等。但它在兼容度上比较差，所有 CorelDRAW X7 应用程序中均能够使用，但其他图像编辑软件无法打开此类文件。

AI 格式：AI 是一种矢量图片格式。是 Adobe 公司的软件 Illustrator 的专用格式。它的兼容度比较高，可以在 CorelDRAW X7 中打开，也可以将 CDR 格式的文件导出为 AI 格式。

TIF（TIFF）格式：TIF 是标签图像格式。TIF 格式对于色彩通道图像来说是最有用的格式，具有很强的可移植性，它可以用于 PC 机、Macintosh 以及 UNIX 工作站三大平台，是这三大平台上使用最广泛的绘图格式。用 TIF 格式存储时应考虑到文件的大小，因为 TIF 格式的结构要比其他格式更大更复杂。TIF 格式支持 24 个通道，能存储多于 4 个通道的文件格式。TIF 格式非常适合于印刷和输出。

PSD 格式：PSD 格式是 Photoshop 软件自身的专用文件格式。PSD 格式能够保存图像数据的细小部分，如图层、附加的遮膜通道等 Photoshop 对图像进行特殊处理的信息。在没有最终决定图像存储的格式前，最好先以 PSD 格式存储。另外，Photoshop 打开和存储 PSD 格式的文件较其他格式更快。但是 PSD 格式也有缺点，存储的图像文件特别大、占用空间多、通用性不强。

JPEG 格式：JPEG 是 Joint Photographic Experts Group 的首字母缩写词，译为联合图片专家组。JPEG 格式既是 Photoshop 支持的一种文件格式，也是一种压缩方案。它是 Macintosh 上常用的一种存储类型。JPEG 格式是压缩格式中的"佼佼者"，与 TIF 文件格式采用的 LIW 无损压缩相比，它的压缩比例更大。但它采用的有损失压缩会丢失部分数据。用户可以在存储前选择图像的最后质量，这就能控制数据的损失程度。

第2章
绘制和编辑图形

CorelDRAW X7 绘制和编辑图形的功能非常强大。本章将详细介绍绘制和编辑图形的多种方法和技巧。通过对本章的学习，读者可以掌握绘制与编辑图形的方法和技巧，为进一步学习 CorelDRAW X7 打下坚实的基础。

课堂学习目标

- 掌握矩形工具的使用方法
- 掌握椭圆形和圆形工具的使用方法
- 掌握基本形状工具的使用方法
- 掌握图纸工具、表格工具的使用方法
- 掌握多边形工具、螺旋形工具的使用方法
- 掌握对象的选取、缩放、移动、镜像、旋转、倾斜变形、复制和删除

2.1 绘制图形

使用 CorelDRAW X7 的基本绘图工具可以绘制简单的几何图形。通过本节的讲解和练习，读者可以初步掌握 CorelDRAW X7 基本绘图工具的特性，为今后绘制更复杂、更优质的图形打下坚实的基础。

2.1.1 课堂案例——绘制简易标识

【案例学习目标】学习使用几何图形工具绘制简易标识。

【案例知识要点】使用椭圆形工具、矩形工具和多边形工具绘制简易标识，效果如图 2-1 所示。

【效果所在位置】光盘/Ch02/效果/绘制简易标识.cdr。

图 2-1

（1）按 Ctrl+N 组合键，新建一个 A4 页面。选择"椭圆形"工具 ○，按住 Ctrl 键的同时，在页面中适当的位置拖曳光标绘制一个圆形，如图 2-2 所示。设置图形颜色的 CMYK 值为 0、20、100、0，填充圆形，在"无填充"按钮⊠上单击鼠标右键，去除圆形的轮廓线，效果如图 2-3 所示。

（2）选择"选择"工具 ▾，按数字键盘上的+键，复制一个圆形。按住 Shift 键的同时，向内拖曳图形右上角的控制手柄到适当的位置，等比例缩小圆形。在"CMYK 调色板"中的"红"色块上单击鼠标左键，如图 2-4 所示，填充圆形，效果如图 2-5 所示。

图 2-2　　　　　　　　图 2-3　　　　　　　　图 2-4　　　　　　　　图 2-5

（3）选择"选择"工具 ▾，按数字键盘上的+键复制一个圆形。按住 Shift 键的同时，向内拖曳图形右上角的控制手柄到适当的位置，等比例缩小圆形。按 F12 键，弹出"轮廓笔"对话框，在"颜色"选项中设置轮廓线颜色的 CMYK 值为 0、20、100、0，其他选项的设置如图 2-6 所示，单击"确定"按钮。在"无填充"按钮⊠上单击鼠标左键，去除圆形的填充，效果如图 2-7 所示。

（4）选择"选择"工具 ▾，按数字键盘上的+键，复制一个圆形。按住 Shift 键的同时，向内拖曳图形右上角的控制手柄到适当的位置，等比例缩小圆形。按 F12 键，弹出"轮廓笔"对话框，选项的设置如图 2-8 所示，单击"确定"按钮，效果如图 2-9 所示。

图 2-6　　　　　　图 2-7　　　　　　图 2-8　　　　　　图 2-9

（5）选择"选择"工具 ▶，按数字键盘上的+键，复制一个圆形。按住 Shift 键的同时，向内拖曳图形右上角的控制手柄到适当的位置，等比例缩小圆形。在"CMYK 调色板"中的"深黄"色块上单击鼠标，填充圆形，并去除图形的轮廓线，效果如图 2-10 所示。单击属性栏中的"饼图"按钮 ◔，效果如图 2-11 所示。

图 2-10　　　　　　　　图 2-11

（6）选择"椭圆形"工具 ○，按住 Ctrl 键的同时，在页面中适当的位置拖曳光标绘制一个圆形，设置图形颜色的 CMYK 值为 100、86、45、5，填充圆形。按 F12 键，弹出"轮廓笔"对话框，在"颜色"选项中设置轮廓线颜色的 CMYK 值为 0、20、100、0，其他选项的设置如图 2-12 所示，单击"确定"按钮，效果如图 2-13 所示。

图 2-12　　　　　　　　图 2-13

（7）选择"多边形"工具 ○，在属性栏中的"点数或边数" ○ 5 框中设置数值为 3，在页面中的适当位置绘制一个三角形，如图 2-14 所示。设置图形颜色的 CMYK 值为 0、60、100、0，填充图形，并去除图形的轮廓线，效果如图 2-15 所示。

图 2-14   图 2-15

（8）选择"椭圆形"工具 ○，绘制一个椭圆形，设置图形颜色的 CMYK 值为 68、100、100、50，填充图形，并去除图形的轮廓线，效果如图 2-16 所示。用相同的方法再绘制一个椭圆形，并填充相同的颜色，效果如图 2-17 所示。

（9）选择"矩形"工具 □，绘制一个矩形。设置图形颜色的 CMYK 值为 0、60、100、0，填充图形，并去除图形的轮廓线，效果如图 2-18 所示。在属性栏中的"旋转角度" ⊙⁰ ⬚ 框中设置数值为 257，按 Enter 键，效果如图 2-19 所示。

图 2-16   图 2-17   图 2-18   图 2-19

（10）选择"选择"工具 ▶，用圈选的方法选取需要的图形，如图 2-20 所示。按 Ctrl+G 组合键，将其群组。再次单击图形，使其处于旋转状态，按数字键盘上的+键，复制一个图形。将旋转中心拖曳到适当的位置，拖曳右下角的控制手柄，将图形旋转到需要的角度，如图 2-21 所示。按住 Ctrl 键的同时，再连续按 D 键，再制出多个图形，效果如图 2-22 所示。

（11）选择"矩形"工具 □，绘制一个矩形。设置矩形颜色的 CMYK 值为 68、100、100、50，填充图形，并去除图形的轮廓线，效果如图 2-23 所示。

图 2-20   图 2-21   图 2-22   图 2-23

（12）单击属性栏中的"扇形角"按钮 ⌒，在"转角半径" ⬚ 框中设置数值为 17.1mm，如图 2-24 所示，按 Enter 键，效果如图 2-25 所示。用相同的方法绘制其他图形，并填充相同的颜色，效果如图 2-26 所示。简易标识绘制完成。

图 2-24　　　　　　　　　　　　　　图 2-25　　　　　　　图 2-26

2.1.2　矩形

1.　绘制矩形

单击工具箱中的"矩形"工具 □，在绘图页面中按住鼠标左键不放，拖曳光标到需要的位置，松开鼠标，完成绘制，如图 2-27 所示。绘制矩形的属性栏如图 2-28 所示。

按 Esc 键，取消矩形的选取状态，效果如图 2-29 所示。选择"选择"工具 ，在矩形上单击鼠标左键，选择刚绘制好的矩形。

图 2-27　　　　　　　　　　　　图 2-28　　　　　　　　　　图 2-29

按 F6 键，快速选择"矩形"工具 □，可在绘图页面中适当的位置绘制矩形。

按住 Ctrl 键，可在绘图页面中绘制正方形。

按住 Shift 键，可在绘图页面中以当前点为中心绘制矩形。

按住 Shift+Ctrl 组合键，可在绘图页面中以当前点为中心绘制正方形。

技巧　双击工具箱中的"矩形"工具 □，可以绘制出一个和绘图页面大小一样的矩形。

2.　使用"矩形"工具绘制圆角矩形

在绘图页面中绘制一个矩形，如图 2-30 所示。在绘制矩形的属性栏中，如果先将"左/右边矩形的边角圆滑度"后的小锁图标 选定，则改变"左/右边矩形的边角圆滑度"时 4 个角的角圆滑度数值将进行相同的改变。设定"左/右边矩形的边角圆滑度" ，如图 2-31 所示；按 Enter 键，效果如图 2-32 所示。

如果不选定小锁图标 ，则可以单独改变一个角的圆滑度数值；在绘制矩形的属性栏中，分别设定"左/右边矩形的边角圆滑度" ，如图 2-33 所示，按 Enter 键，效果如图 2-34 所示，如果要将圆角矩形还原为直角矩形，可以将圆角度数设定为"0"。

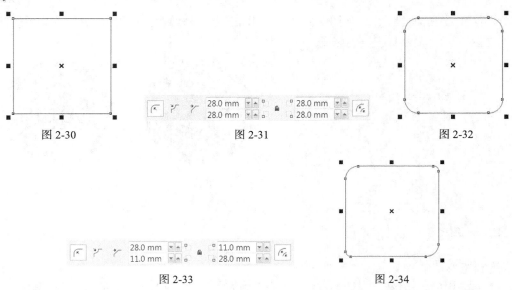

图 2-30   图 2-31   图 2-32

图 2-33   图 2-34

3. 使用鼠标拖曳矩形节点绘制圆角矩形

绘制一个矩形。按 F10 键，快速选择"形状"工具 ，选中矩形边角的节点，如图 2-35 所示；按住鼠标左键拖曳矩形边角的节点，可以改变边角的圆滑程度，如图 2-36 所示；松开鼠标左键，圆角矩形的效果如图 2-37 所示。

图 2-35   图 2-36   图 2-37

4. 绘制任意角度放置的矩形

选择"矩形"工具 展开式工具栏中的"3 点矩形"工具 ，在绘图页面中按住鼠标左键不放，拖曳光标到需要的位置，可绘制出一条任意方向的线段作为矩形的一条边，如图 2-38 所示；松开鼠标左键，再拖曳鼠标到需要的位置，即可确定矩形的另一条边，如图 2-39 所示；单击鼠标左键，有角度的矩形绘制完成，效果如图 2-40 所示。

图 2-38   图 2-39   图 2-40

2.1.3　绘制椭圆和圆形

1．绘制椭圆形

选择"椭圆形"工具 ◯ ，在绘图页面中按住鼠标左键不放，拖曳光标到需要的位置，松开鼠标左键，椭圆形绘制完成，如图 2-41 所示；椭圆形的属性栏如图 2-42 所示。

按住 Ctrl 键，在绘图页面中可以绘制圆形，如图 2-43 所示。

图 2-41　　　　　　　　　　　　　图 2-42　　　　　　　　　　　　　图 2-43

按 F7 键，快速选择"椭圆形"工具 ◯ ，可在绘图页面中适当的位置绘制椭圆形。

按住 Shift 键，可在绘图页面中以当前点为中心绘制椭圆形。

同时按住 Shift+Ctrl 组合键，可在绘图页面中以当前点为中心绘制圆形。

2．使用"椭圆形"工具绘制饼形和弧形

绘制一个椭圆形，如图 2-44 所示。单击椭圆形属性栏（如图 2-45 所示）中的"饼图"按钮 ◔ ，可将椭圆形转换为饼图，如图 2-46 所示。

图 2-44　　　　　　　　　　　　　图 2-45　　　　　　　　　　　　　图 2-46

单击椭圆形属性栏（如图 2-47 所示）中的"弧"按钮 ◠ ，可将椭圆形转换为弧形，如图 2-48 所示。

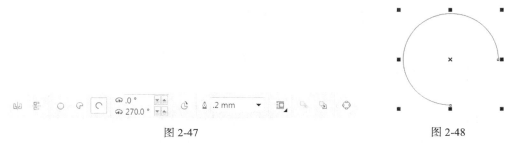

图 2-47　　　　　　　　　　　　　图 2-48

在"起始和结束角度" 中设置饼形和弧形起始角度和终止角度，按 Enter 键，可以获得饼形和弧形角度的精确值。效果如图 2-49 所示。

图 2-49

> **技巧** 椭圆形在选中状态下，在椭圆形属性栏中，单击"饼形" ⊙ 或"弧形" ⊙ 按钮，可以使图形在饼形和弧形之间转换。单击属性栏中的 ⊙ 按钮，可以将饼形或弧形进行 180°的镜像。

3．拖曳椭圆形的节点来绘制饼形和弧形

选择"椭圆形"工具 ○，绘制一个椭圆形。按 F10 键，快速选择"形状"工具 ⬚，单击轮廓线上的节点并按住鼠标左键不放，如图 2-50 所示。

向椭圆内拖曳节点，如图 2-51 所示。松开鼠标左键，椭圆变成饼形，效果如图 2-52 所示。向椭圆外拖曳轮廓线上的节点，可使椭圆形变成弧形。

图 2-50　　　　　　　图 2-51　　　　　　　图 2-52

4．绘制任意角度放置的椭圆形

选择"椭圆形"工具 ○ 展开式工具栏中的"3 点椭圆形"工具 ⬚，在绘图页面中按住鼠标左键不放，拖曳光标到需要的位置，可绘制一条任意方向的线段作为椭圆形的一个轴，如图 2-53 所示。松开鼠标左键，再拖曳鼠标到需要的位置，即可确定椭圆形的形状，如图 2-54 所示。单击鼠标左键，有角度的椭圆形绘制完成，如图 2-55 所示。

图 2-53　　　　　　　图 2-54　　　　　　　图 2-55

2.1.4　绘制基本形状

1．绘制基本形状

单击"基本形状"工具 ，在属性栏中单击"完美形状"按钮，在弹出的面板中选择需要的基本图形，如图 2-56 所示。

在绘图页面中按住鼠标左键不放，从左上角向右下角拖曳光标到需要的位置，松开鼠标左键，基本图形绘制完成，效果如图 2-57 所示。

图 2-56　　　　　　　　　图 2-57

2．绘制箭头图

单击"箭头形状"工具，在属性栏中单击"完美形状"按钮，在弹出的面板中选择需要的箭头图形，如图 2-58 所示。

在绘图页面中按住鼠标左键不放，从左上角向右下角拖曳光标到需要的位置，松开鼠标左键，箭头图形绘制完成，如图 2-59 所示。

图 2-58　　　　　　　　　图 2-59

3．绘制流程图图形

单击"流程图形状"工具，在属性栏中单击"完美形状"按钮，在弹出的面板中选择需要的流程图图形，如图 2-60 所示。

在绘图页面中按住鼠标左键不放，从左上角向右下角拖曳光标到需要的位置，松开鼠标左键，流程图图形绘制完成，如图 2-61 所示。

图 2-60　　　　　　　　　图 2-61

23

4．绘制标题图形

单击"标题形状"工具，在属性栏中单击"完美形状"按钮，在弹出的面板中选择需要的标题图形，如图 2-62 所示。

在绘制页面中按住鼠标左键不放，从左上角向右下角拖曳光标到需要的位置，松开鼠标左键，标题图形绘制完成，如图 2-63 所示。

图 2-62　　　　　　　　　　　　　　　图 2-63

5．绘制标注图形

单击"标注形状"工具，在属性栏中单击"完美形状"按钮，在弹出的面板中选择需要的标注图形，如图 2-64 所示。

在绘图页面中按住鼠标左键不放，从左上角向右下角拖曳光标到需要的位置，松开鼠标左键，标注图形绘制完成，如图 2-65 所示。

图 2-64　　　　　　　　　　　　　　　图 2-65

6．调整基本形状

绘制一个基本形状，如图 2-66 所示。单击要调整的基本图形的红色菱形符号，并按住鼠标左键不放将其拖曳到需要的位置，如图 2-67 所示。得到需要的形状后，松开鼠标左键，效果如图 2-68 所示。

图 2-66　　　　　　　　　图 2-67　　　　　　　　　图 2-68

 在流程图形状中没有红色菱形符号，所以不能对它进行调整。

2.1.5　课堂案例——绘制装饰画

【案例学习目标】学习使用椭圆形工具和基本形状工具绘制装饰形状。

【案例知识要点】使用矩形工具和轮廓笔命令绘背景效果；使用复杂星形工具绘制背景效果；

使用椭圆形工具和合并命令绘制云朵图形；使用星形工具、椭圆形工具和 2 点线工具绘制装饰形状，效果如图 2-69 所示。

【效果所在位置】光盘/Ch02/效果/绘制装饰画.cdr。

（1）按 Ctrl+N 组合键，新建一个 A4 页面。选择"矩形"工具 □，按住 Ctrl 键的同时，在页面中适当的位置拖曳光标绘制一个正方形，如图 2-70 所示。设置图形颜色的 CMYK 值为 0、10、30、0，填充图形，效果如图 2-71 所示。

图 2-69

图 2-70　　　　　　　　　　　图 2-71

（2）按 F12 键，弹出"轮廓笔"对话框，在"颜色"选项中设置轮廓线颜色的 CMYK 值为 0、20、40、60，其他选项的设置如图 2-72 所示，单击"确定"按钮，效果如图 2-73 所示。

图 2-72　　　　　　　　　　　图 2-73

（3）选择"椭圆形"工具 ○，在页面中适当的位置绘制多个椭圆形，如图 2-74 所示。选择"选择"工具 ▸，用圈选的方法选取需要的图形，如图 2-75 所示。单击属性栏中的"合并"按钮 □，合并图形，填充为白色，并去除图形的轮廓线，效果如图 2-76 所示。

图 2-74　　　　　　　图 2-75　　　　　　　图 2-76

（4）选择"选择"工具，按数字键盘上的+键，复制图形，并调整其位置和大小，效果如图 2-77 所示。

（5）选择"复杂星形"工具，在属性栏中进行设置，如图 2-78 所示。在页面空白处绘制一个星形，效果如图 2-79 所示。

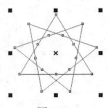

图 2-77   图 2-78   图 2-79

（6）选择"形状"工具，选择需要的节点，如图 2-80 所示，向内拖曳节点到适当的位置，效果如图 2-81 所示。设置图形颜色的 CMYK 值为 4、15、42、0，填充图形，并去除图形的轮廓线，效果如图 2-82 所示。

图 2-80   图 2-81   图 2-82

（7）选择"选择"工具，拖曳星形图形到页面中适当的位置，效果如图 2-83 所示。用相同的方法制作其他图形，并填充相同的颜色，效果如图 2-84 所示。

图 2-83   图 2-84

（8）选择"矩形"工具，绘制一个矩形，如图 2-85 所示。设置图形颜色的 CMYK 值为 45、0、70、0，填充图形，效果如图 2-86 所示。

（9）按 F12 键，弹出"轮廓笔"对话框，在"颜色"选项中设置轮廓线颜色的 CMYK 值为 100、0、100、0，其他选项的设置如图 2-87 所示，单击"确定"按钮，效果如图 2-88 所示。

图 2-85

图 2-86　　　　　　　　　　　　图 2-87　　　　　　　　　　　　图 2-88

　　（10）单击属性栏中的"圆角"按钮 ，在"转角半径" 框中设置数值为 35mm，如图 2-89 所示，按 Enter 键，效果如图 2-90 所示。

　　　　　　　　图 2-89　　　　　　　　　　　　　　　　　　图 2-90

　　（11）选择"2 点线"工具 ，绘制一条直线，如图 2-91 所示。按 F12 键，弹出"轮廓笔"对话框，在"颜色"选项中设置轮廓线颜色的 CMYK 值为 100、0、100、0，其他选项的设置如图 2-92 所示，单击"确定"按钮，效果如图 2-93 所示。用相同的方法绘制其他直线，并填充相同的颜色，效果如图 2-94 所示。

　　图 2-91　　　　　　　　图 2-92　　　　　　　　　图 2-93　　　　　　　　　图 2-94

　　（12）选择"2 点线"工具 ，绘制一条直线。按 F12 键，弹出"轮廓笔"对话框，在"颜色"选项中设置轮廓线颜色的 CMYK 值为 0、60、100、0，其他选项的设置如图 2-95 所示，单击"确定"按钮，效果如图 2-96 所示。用相同的方法绘制其他直线，效果如图 2-97 所示。

　　（13）选择"星形"工具 ，绘制一个星形。设置图形颜色的 CMYK 值为 0、20、100、0，填

27

充星形。在属性栏中的"旋转角度" 。 框中设置数值为 341，按 Enter 键，效果如图 2-98 所示。
按 F12 键，弹出"轮廓笔"对话框，在"颜色"选项中设置轮廓线颜色的 CMYK 值为 0、60、100、
0，其他选项的设置如图 2-99 所示，单击"确定"按钮，效果如图 2-100 所示。用相同的方法绘制
其他图形，效果如图 2-101 所示。

| 图 2-95 | 图 2-96 | 图 2-97 |

| 图 2-98 | 图 2-99 | 图 2-100 | 图 2-101 |

（14）选择"2 点线"工具 ，绘制一条直线。按 F12 键，弹出"轮廓笔"对话框，在"颜色"
选项中设置轮廓线颜色的 CMYK 值为 0、100、60、0，其他选项的设置如图 2-102 所示，单击"确定"
按钮，效果如图 2-103 所示。用相同的方法绘制其他直线，并填充相同的颜色，效果如图 2-104 所示。

| 图 2-102 | 图 2-103 | 图 2-104 |

（15）选择"椭圆形"工具 ，按住 Ctrl 键的同时，绘制一个圆形。设置图形颜色的 CMYK 值为 0、40、20、0，填充图形。按 F12 键，弹出"轮廓笔"对话框，在"颜色"选项中设置轮廓线颜色的 CMYK 值为 0、100、60、0，其他选项的设置如图 2-105 所示，单击"确定"按钮，效果如图 2-106 所示。

图 2-105　　　　　　　　　　　　图 2-106

（16）选择"矩形"工具 ，绘制一条矩形。在属性栏中的"旋转角度" 框中设置数值为 103.5，按 Enter 键，效果如图 2-107 所示。设置图形颜色的 CMYK 值为 0、100、60、0，填充图形，并去除图形的轮廓线，效果如图 2-108 所示。

图 2-107　　　　　　　　图 2-108

（17）再次单击图形，使其处于旋转状态，按数字键盘上的+键，复制一个图形。将旋转中心拖曳到适当的位置，拖曳右下角的控制手柄，将图形旋转到需要的角度，如图 2-109 所示。按住 Ctrl 键的同时，再连续点按 D 键，再制出多个图形，效果如图 2-110 所示。用相同的方法绘制其他图形，并填充相同的颜色，效果如图 2-111 所示。

图 2-109　　　　　　　图 2-110　　　　　　　图 2-111

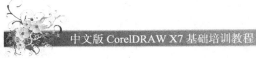

（18）选择"2 点线"工具 ，绘制一条直线。按 F12 键，弹出"轮廓笔"对话框，在"颜色"选项中设置轮廓线颜色的 CMYK 值为 76、26、27、0，其他选项的设置如图 2-112 所示，单击"确定"按钮，效果如图 2-113 所示。用相同的方法绘制其他直线，并填充相同的颜色，效果如图 2-114 所示。

图 2-112

图 2-113

图 2-114

（19）选择"椭圆形"工具 ，按住 Ctrl 键的同时，绘制两个圆形，如图 2-115 所示。选择"选择"工具 ，用圈选的方法将圆形同时选取，单击属性栏中的"移除前面对象"按钮 ，将图形剪切为一个图形，效果如图 2-116 所示。设置图形颜色的 CMYK 值为 56、0、15、0，填充图形，效果如图 2-117 所示。

图 2-115

图 2-116

图 2-117

（20）按 F12 键，弹出"轮廓笔"对话框，在"颜色"选项中设置轮廓线颜色的 CMYK 值为 76、26、27、0，其他选项的设置如图 2-118 所示，单击"确定"按钮，效果如图 2-119 所示。用相同的方法绘制其他图形，并填充相同的颜色，效果如图 2-120 所示。装饰画绘制完成。

图 2-118

图 2-119

图 2-120

2.1.6　绘制多边形

选择"多边形"工具 ，在绘图页面中按住鼠标左键不放，拖曳光标到需要的位置，松开鼠标左键，多边形绘制完成，如图 2-121 所示。"多边形"属性栏如图 2-122 所示。

图 2-121　　　　　　　　　　　　　图 2-122

设置"多边形"属性栏中的"点数或边数" ○ 5 数值为 9，如图 2-123 所示，按 Enter 键，多边形效果如图 2-124 所示。

图 2-123　　　　　　　　　　　　　图 2-124

绘制一个多边形，如图 2-125 所示。选择"形状"工具 ，单击轮廓线上的节点并按住鼠标左键不放，如图 2-126 所示，向多边形内或外拖曳轮廓线上的节点，如图 2-127 所示，可以将多边形改变为星形，效果如图 2-128 所示。

图 2-125　　　　　　图 2-126　　　　　　图 2-127　　　　　　图 2-128

2.1.7　绘制星形

选择"多边形"工具 展开式工具栏中的"星形"工具 ，在绘图页面中按住鼠标左键不放，拖曳光标到需要的位置，松开鼠标左键，星形绘制完成，如图 2-129 所示；"星形"属性栏如图 2-130 所示；设置"星形"属性栏中的"点数或边数" ☆ 5 数值为 8，按 Enter 键，星形效果如图 2-131 所示。

图 2-129　　　　　　　　　　图 2-130　　　　　　　　　图 2-131

2.1.8 绘制螺旋形

1．绘制对称式螺旋

选择"螺纹"工具，在绘图页面中按住鼠标左键不放，从左上角向右下角拖曳光标到需要的位置，松开鼠标左键，对称式螺旋线绘制完成，如图 2-132 所示，属性栏如图 2-133 所示。

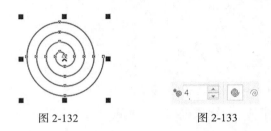

图 2-132　　　　　　　　　　　图 2-133

如果从右下角向左上角拖曳光标到需要的位置，可以绘制出反向的对称式螺旋线。在 框中可以重新设定螺旋线的圈数，绘制需要的螺旋线效果。

2．绘制对数螺旋

选择"螺纹"工具，在属性栏中单击"对数螺纹"按钮，在绘图页面中按住鼠标左键不放，从左上角向右下角拖曳光标到需要的位置，松开鼠标左键，对数式螺旋线绘制完成，如图 2-134 所示，属性栏如图 2-135 所示。

图 2-134　　　　　　　　　　　图 2-135

在 中可以重新设定螺旋线的扩展参数，将数值分别设定为 80 和 20 时，螺旋线向外扩展的幅度会逐渐变小，如图 2-136 所示。当数值为 1 时，将绘制出对称式螺旋线。

图 2-136

按 A 键，选择"螺纹"工具，在绘图页面中适当的位置绘制螺旋线。

按住 Ctrl 键，在绘图页面中绘制正圆螺旋线。

按住 Shift 键，在绘图页面中会以当前点为中心绘制螺旋线。

同时按住 Shift+Ctrl 组合键，在绘图页面中会以当前点为中心绘制正圆螺旋线。

编辑对象

在 CorelDRAW X7 中，可以使用强大的图形对象编辑功能对图形对象进行编辑，其中包括对象的多种选取方式、对象的缩放、移动、镜像、复制和删除以及对象的调整。本节将讲解多种编辑图形对象的方法和技巧。

2.2.1　课堂案例——绘制卡通丛林画

【案例学习目标】学习使用对象编辑方法绘制卡通风景画。

【案例知识要点】使用椭圆形工具、合并命令和贝塞尔工具绘制大树和花朵图形；使用艺术笔工具绘制狐狸图形，效果如图 2-137 所示。

【效果所在位置】光盘/Ch02/效果/绘制卡通丛林画.cdr。

（1）选择"文件 > 打开"命令，弹出"打开绘图"对话框。选择光盘中的"Ch02 > 素材 > 绘制卡通丛林画 > 01"文件，单击"打开"按钮，效果如图 2-138 所示。

图 2-137

（2）选择"椭圆形"工具 ◯，在页面中适当的位置绘制多个椭圆形，如图 2-139 所示。选择"选择"工具 ▢，用圈选的方法将椭圆形同时选取，单击属性栏中的"合并"按钮 ⬚，将多个图形合并为一个图形，效果如图 2-140 所示。设置图形颜色的 CMYK 值为 40、6、9、0，填充图形，并去除图形的轮廓线，效果如图 2-141 所示。

图 2-138　　　　　　　图 2-139　　　　　　　图 2-140　　　　　　　图 2-141

（3）选择"选择"工具 ▢，按数字键盘上的+键，复制一个图形。按住 Shift 键的同时，向内拖曳图形右上角的控制手柄到适当的位置，等比例缩小图形，效果如图 2-142 所示。按 F12 键，弹出"轮廓笔"对话框，在"颜色"选项中设置轮廓线颜色为白色，其他选项的设置如图 2-143 所示，单击"确定"按钮。在"无填充"按钮 ⊠ 上单击鼠标，去除图形的填充色，效果如图 2-144 所示。

（4）选择"贝塞尔"工具 ，绘制一个不规则图形。设置图形颜色的 CMYK 值为 58、67、84、20，填充图形，并去除图形的轮廓线，效果如图 2-145 所示。

（5）选择"选择"工具 ▢，用圈选的方法选取需要的图形，如图 2-146 所示。按 Ctrl+G 组合键，将图形群组。按数字键盘上的+键，复制图形，拖曳到适当的位置并调整其大小，效果如图 2-147 所示。

图 2-142　　　　　　　　图 2-143　　　　　　　　图 2-144

图 2-145　　　　　　　　图 2-146　　　　　　　　图 2-147

（6）选择"椭圆形"工具 ，在页面中适当的位置绘制多个椭圆形，如图 2-148 所示。选择"选择"工具 ，用圈选的方法将椭圆形同时选取，单击属性栏中的"合并"按钮 ，将多个图形合并为一个图形，效果如图 2-149 所示。设置图形颜色的 CMYK 值为 0、20、100、0，填充图形，并去除图形的轮廓线，效果如图 2-150 所示。将属性栏中的"旋转角度" 选项设为 167，按 Enter键，效果如图 2-151 所示。

图 2-148　　　　　　图 2-149　　　　　　图 2-150　　　　　　图 2-151

（7）选择"选择"工具 ，按数字键盘上的+键，复制一个图形。按住 Shift 键的同时，向内拖曳图形右上角的控制手柄到适当的位置，等比例缩小图形，效果如图 2-152 所示。按 F12 键，弹出"轮廓笔"对话框，在"颜色"选项中设置轮廓线颜色为白色，其他选项的设置如图 2-153 所示，单击"确定"按钮。在"无填充"按钮 上单击鼠标，去除图形的填充色，效果如图 2-154 所示。

（8）选择"选择"工具 ，按数字键盘上的+键，复制一个图形。按住 Shift 键的同时，向内拖曳图形右上角的控制手柄到适当的位置，等比例缩小图形。设置图形颜色的 CMYK 值为 0、56、80、0，填充图形，并去除图形的轮廓线，效果如图 2-155 所示。

| 图 2-152 | 图 2-153 | 图 2-154 | 图 2-155 |

（9）选择"贝塞尔"工具，绘制一个不规则图形，如图 2-156 所示。设置图形颜色的 CMYK 值为 40、6、9、0，填充图形，并去除图形的轮廓线，效果如图 2-157 所示。用相同的方法绘制其他图形，并填充相同的颜色，效果如图 2-158 所示。

| 图 2-156 | 图 2-157 | 图 2-158 |

（10）选择"选择"工具，用圈选的方法将花朵图形同时选取。按 Ctrl+G 组合键，将图形群组。按两次数字键盘上的+键，复制图形，分别拖曳复制的图形到适当的位置并调整其大小和角度，效果如图 2-159 所示。

（11）选择"艺术笔"工具，单击属性栏中的"喷涂"按钮，在"类别"选项中选择"其它"选项，在"喷射图样"选项的下拉列表中选择所需要的图样，其他选项的设置如图 2-160 所示。在适当的位置拖曳鼠标绘制图形，效果如图 2-161 所示。

| 图 2-159 | 图 2-160 | 图 2-161 |

（12）按 Ctrl+K 组合键，拆分图形，如图 2-162 所示。选择"选择"工具 ，选择黑色线段，按 Delete 键，删除线段，如图 2-163 所示。选取绘制的图形，按 Ctrl+U 组合键，取消群组。按住 Shift 键的同时，选取不需要的图形，按 Delete 键将其删除，如图 2-164 所示。选取"狐狸"图形，将其拖曳到页面中适当的位置并调整其大小，效果如图 2-165 所示。卡通丛林画制作完成。

图 2-162   图 2-163

图 2-164   图 2-165

2.2.2　对象的选取

在 CorelDRAW X7 中，新建一个图形对象时，一般图形对象呈选取状态，在对象的周围出现圈选框，圈选框是由 8 个控制手柄组成的。对象的中心有一个"X"形的中心标记。对象的选取状态如图 2-166 所示。

图 2-166

提示 在 CorelDRAW X7 中，如果要编辑一个对象，首先要选取这个对象。当选取多个图形对象时，多个图形对象共有一个圈选框。要取消对象的选取状态，只要在绘图页面中的其他位置单击鼠标左键或按 Esc 键即可。

1. 用鼠标点选的方法选取对象

选择"选择"工具 ，在要选取的图形对象上单击鼠标左键，即可选取该对象。

选取多个图形对象时，按住 Shift 键，依次单击选取的对象即可，同时选取的效果如图 2-167 所示。

图 2-167

2. 用鼠标圈选的方法选取对象

选择"选择"工具 ，在绘图页面中要选取的图形对象外围单击鼠标左键并拖曳光标，拖曳后会出现一个蓝色的虚线圈选框，如图 2-168 所示；在圈选框完全圈选住对象后松开鼠标左键，被圈选的对象即处于选取状态，如图 2-169 所示；用圈选的方法可以同时选取一个或多个对象。

图 2-168   图 2-169

在圈选的同时按住 Alt 键，蓝色的虚线圈选框接触到的对象都将被选取，如图 2-170 所示。

图 2-170

3. 使用命令选取对象

选择"编辑 > 全选"子菜单下的各个命令来选取对象，按 Ctrl+A 组合键可以选取绘图页面中的全部对象。

> **技巧**　当绘图页面中有多个对象时，按空格键快速选择"选择"工具 ，连续按 Tab 键，可以依次选择下一个对象。按住 Shift 键，再连续按 Tab 键，可以依次选择上一个对象。按住 Ctrl 键，用光标点选可以选取群组中的单个对象。

2.2.3　对象的缩放

1. 使用鼠标缩放对象

使用"选择"工具 选取要缩放的对象，对象的周围出现控制手柄。

用鼠标拖曳控制手柄可以缩放对象。拖曳对角线上的控制手柄可以按比例缩放对象，如图 2-171 所示。拖曳中间的控制手柄可以不按比例缩放对象，如图 2-172 所示。

图 2-171

图 2-172

拖曳对角线上的控制手柄时，按住 Ctrl 键，对象会以 100%的比例缩放。同时按下 Shift+Ctrl 组合键，对象会以 100%的比例从中心缩放。

2．使用"自由变换"工具缩放对象

选择"选择"工具并选取要缩放的对象，对象的周围出现控制手柄。选择"选择"工具展开式工具栏中的"自由变换"工具，选中"自由缩放"按钮，这时的属性栏如图 2-173 所示。

在"自由变形"属性栏中的"对象的大小"中，输入对象的宽度和高度。如果选择了"缩放因子"中的锁按钮，则宽度和高度将按比例缩放，只要改变宽度和高度中的一个值，另一个值就会自动按比例调整。

在"自由变形"属性栏中调整好宽度和高度后，按 Enter 键，完成对象的缩放。缩放的效果如图 2-174 所示。

图 2-173

图 2-174

3．使用"变换"泊坞窗缩放对象

使用"选择"工具选取要缩放的对象。如图 2-175 所示。选择"窗口 > 泊坞窗 > 变换 > 大小"命令，或按 Alt+F10 组合键，弹出"变换"泊坞窗，如图 2-176 所示。其中，"x"表示宽度，"y"表示高度。如不勾选按比例复选框，就可以不按比例缩放对象。

在 "变换" 泊坞窗中，图 2-177 所示的是可供选择的圈选框控制手柄 8 个点的位置，单击一个按钮以定义一个在缩放对象时保持固定不动的点，缩放的对象将基于这个点进行缩放，这个点可以决定缩放后的图形与原图形的相对位置。

<table>
<tr><td>图 2-175</td><td>图 2-176</td><td>图 2-177</td></tr>
</table>

设置好需要的数值，如图 2-178 所示，单击 "应用" 按钮，对象的缩放完成，效果如图 2-179 所示。单击 "应用到再制" 按钮，可以复制生成多个缩放好的对象。

选择 "窗口 > 泊坞窗 > 变换 > 比例" 命令，或按 Alt+F9 组合键，在弹出的 "变换" 泊坞窗中可以对对象进行缩放。

图 2-178　　　　　　　　　　　　图 2-179

2.2.4　对象的移动

1. 使用工具和键盘移动对象

使用 "选择" 工具 选取要移动的对象，如图 2-180 所示。使用 "选择" 工具 或其他的绘图工具，将鼠标的光标移到对象的中心控制点，光标将变为十字箭头形 ✛，如图 2-181 所示。按住鼠标左键不放，拖曳对象到需要的位置，松开鼠标左键，完成对象的移动，效果如图 2-182 所示。

图 2-180　　　　　　　　图 2-181　　　　　　　　图 2-182

选取要移动的对象，用键盘上的方向键可以微调对象的位置，系统使用默认值时，对象将以 0.1

英寸的增量移动。选择"选择"工具 后不选取任何对象，在属性栏中的 框中可以重新设定每次微调移动的距离。

2．使用属性栏移动对象

选取要移动的对象，在属性栏的"对象的位置" 框中输入对象要移动到的新位置的横坐标和纵坐标，可移动对象。

3．使用"变换"泊坞窗移动对象

选取要移动的对象，选择"窗口 > 泊坞窗 > 变换 > 位置"命令，或按 Alt+F7 组合键，将弹出"变换"泊坞窗，"x"表示对象所在位置的横坐标，"y"表示对象所在位置的纵坐标。如选中 相对位置复选框，对象将相对于原位置的中心进行移动。设置好后，单击"应用"按钮或按 Enter 键，完成对象的移动。移动前后的位置如图 2-183 所示。

图 2-183

设置好数值后，在"副本"选项中输入数值 1，可以在移动的新位置复制生成一个新的对象。

2.2.5　对象的镜像

镜像效果经常被应用到设计作品中。在 CorelDRAW X7 中，可以使用多种方法使对象沿水平、垂直或对角线的方向做镜像翻转。

1．使用鼠标镜像对象

选取镜像对象，如图 2-184 所示。按住鼠标左键直接拖曳控制手柄到相对的边，直到显示对象的蓝色虚线框，如图 2-185 所示，松开鼠标左键就可以得到不规则的镜像对象，如图 2-186 所示。

图 2-184　　　　　　　　图 2-185　　　　　　　　图 2-186

按住 Ctrl 键，直接拖曳左边或右边中间的控制手柄到相对的边，可以完成保持原对象比例的水平镜像，如图 2-187 所示。按住 Ctrl 键，直接拖曳上边或下边中间的控制手柄到相对的边，可以完成保持原对象比例的垂直镜像，如图 2-188 所示。按住 Ctrl 键，直接拖曳边角上的控制手柄到相对的边，可以完成保持原对象比例的沿对角线方向的镜像，如图 2-189 所示。

图 2-187 图 2-188 图 2-189

2. 使用属性栏镜像对象

使用"选择"工具选取要镜像的对象，如图 2-190 所示。这时的属性栏如图 2-191 所示。

图 2-190 图 2-191

单击属性栏中的"水平镜像"按钮 ，可以使对象沿水平方向做镜像翻转。单击"垂直镜像"按钮 ，可以使对象沿垂直方向做镜像翻转。

3. 使用"变换"泊坞窗镜像对象

选取要镜像的对象，选择"窗口 > 泊坞窗 > 变换 > 缩放和镜像"命令，或按 Alt+F9 组合键，弹出"变换"泊坞窗，单击"水平镜像"按钮 ，可以使对象沿水平方向做镜像翻转。单击"垂直镜像"按钮 ，可以使对象沿垂直方向做镜像翻转。设置好需要的数值，单击"应用"按钮即可看到镜像效果。

还可以设置产生一个变形的镜像对象。"变换"泊坞窗进行如图 2-192 所示的参数设定，设置好后，单击"应用到再制"按钮，生成一个变形的镜像对象，效果如图 2-193 所示。

图 2-192 图 2-193

2.2.6　对象的旋转

1．使用鼠标旋转对象

使用"选择"工具 选取要旋转的对象，对象的周围出现控制手柄。再次单击对象，这时对象的周围出现旋转 和倾斜 控制手柄，如图 2-194 所示。

图 2-194

将鼠标的光标移动到旋转控制手柄上，这时的光标变为旋转符号 ，如图 2-195 所示。按住鼠标左键，拖曳鼠标旋转对象，旋转时对象会出现蓝色的虚线框指示旋转方向和角度，如图 2-196 所示。旋转到需要的角度后，松开鼠标左键，完成对象的旋转，效果如图 2-197 所示。

图 2-195　　　　　　　　图 2-196　　　　　　　　图 2-197

对象是围绕旋转中心 旋转的，默认的旋转中心 是对象的中心点，将鼠标指针移动到旋转中心上，按住鼠标左键拖曳旋转中心 到需要的位置，松开鼠标左键，完成对旋转中心的移动。

2．使用属性栏旋转对象

选取要旋转的对象，效果如图 2-198 所示。选择"选择"工具 ，在属性栏中的"旋转角度" 文本框中输入旋转的角度数值为 30，如图 2-199 所示，按 Enter 键，效果如图 2-200 所示。

图 2-198　　　　　　　　图 2-199　　　　　　　　图 2-200

3．使用"变换"泊坞窗旋转对象

选取要旋转的对象，如图 2-201 所示。选择"窗口 > 泊坞窗 > 变换 > 旋转"命令，或按 Alt+F8

组合键，弹出"变换"泊坞窗，设置如图 2-202 所示。也可以在已打开的"变换"泊坞窗中单击"旋转"按钮 ○。

在"变换"泊坞窗的"旋转"设置区的"角度"选项框中直接输入旋转的角度数值，旋转角度数值可以是正值也可以是负值。在"中心"选项的设置区中输入旋转中心的坐标位置。选中"相对中心"复选框，对象的旋转将以选中的旋转中心旋转。"变换"泊坞窗如图 2-203 所示进行设定，设置完成后，单击"应用"按钮，对象旋转的效果如图 2-204 所示。

图 2-201　　　　　　　图 2-202　　　　　　　　图 2-203　　　　　　　图 2-204

2.2.7　对象的倾斜变形

1. 使用鼠标倾斜变形对象

选取要倾斜变形的对象，对象的周围出现控制手柄。再次单击对象，这时对象的周围出现旋转 ↗ 和倾斜 ↔ 控制手柄，如图 2-205 所示。

将鼠标的光标移动到倾斜控制手柄上，光标变为倾斜符号 ⇌，如图 2-206 所示。按住鼠标左键，拖曳鼠标变形对象，倾斜变形时对象会出现蓝色的虚线框指示倾斜变形的方向和角度，如图 2-207 所示。倾斜到需要的角度后，松开鼠标左键，对象倾斜变形的效果如图 2-208 所示。

图 2-205　　　　　　　图 2-206　　　　　　　图 2-207　　　　　　　图 2-208

2. 使用"变换"泊坞窗倾斜变形对象

选取倾斜变形对象，如图 2-209 所示。选择"窗口 > 泊坞窗 > 变换 > 倾斜"命令，弹出"变换"泊坞窗，如图 2-210 所示。也可以在已打开的"变换"泊坞窗中单击"倾斜"按钮 ⬜。在"变换"泊坞窗中设定倾斜变形对象的数值，如图 2-211 所示，单击"应用"按钮，对象产生倾斜变形，效果如图 2-212 所示。

图 2-209　　　　　　图 2-210　　　　　　图 2-211　　　　　　图 2-212

2.2.8　对象的复制

1．使用命令复制对象

选取要复制的对象，如图 2-213 所示。选择"编辑 > 复制"命令，或按 Ctrl+C 组合键，对象的副本将被放置在剪贴板中。选择"编辑 > 粘贴"命令，或按 Ctrl+V 组合键，对象的副本被粘贴到原对象的下面，位置和原对象是相同的。用鼠标移动对象，可以显示复制的对象，如图 2-214 所示。

图 2-213　　　　　　　　图 2-214

提示　选择"编辑 > 剪切"命令，或按 Ctrl+X 组合键，对象将从绘图页面中删除并被放置在剪贴板上。

2．使用鼠标拖曳方式复制对象

选取要复制的对象，如图 2-215 所示。将鼠标指针移动到对象的中心点上，光标变为移动光标✣，如图 2-216 所示。按住鼠标左键拖曳对象到需要的位置，如图 2-217 所示。在位置合适后单击鼠标右键，对象的复制完成，效果如图 2-218 所示。

图 2-215　　　　　　图 2-216　　　　　　图 2-217　　　　　　图 2-218

选取要复制的对象，用鼠标右键单击并拖曳对象到需要的位置，松开鼠标右键后弹出如图 2-219

所示的快捷菜单，选择"复制"命令，对象的复制完成，如图 2-220 所示。

使用"选择"工具，选取要复制的对象，在数字键盘上按+键，可以快速复制对象。

图 2-219　　　　　　　　　　　　　　　图 2-220

技巧　可以在两个不同的绘图页面中复制对象，使用鼠标左键拖曳其中一个绘图页面中的对象到另一个绘图页面中，在松开鼠标左键前单击鼠标右键即可复制对象。

3. 使用命令复制对象属性

选取要复制属性的对象，如图 2-221 所示。选择"编辑 > 复制属性自"命令，弹出"复制属性"对话框，在对话框中勾选"填充"复选框，如图 2-222 所示，单击"确定"按钮，鼠标光标显示为黑色箭头，在要复制其属性的对象上单击，如图 2-223 所示，对象的属性复制完成，效果如图 2-224 所示。

图 2-221　　　　　　　　　　　　　　　图 2-222

图 2-223　　　　　　　　　　　　　　　图 2-224

2.2.9　对象的删除

在 CorelDRAW X7 中，可以方便快捷地删除对象。下面介绍如何删除不需要的对象。

选取要删除的对象，选择"编辑 > 删除"命令或按 Delete 键，如图 2-225 所示，可以将选取的对象删除。

图 2-225

提示 如果想删除多个或全部的对象，首先要选取这些对象，再执行"删除"命令或按 Delete 键。

课堂练习——绘制遥控器

【练习知识要点】使用矩形工具和渐变填充工具绘制背景效果；使用矩形工具、调和工具、多边形工具和透明工具绘制遥控器图形；使用基本形状工具、直线工具和矩形工具绘制屏幕效果；使用椭圆形工具、渐变填充工具和透明工具绘制遥控器按钮效果；使用文本工具添加文字。遥控器效果如图 2-226 所示。

【效果所在位置】光盘/Ch02/效果/绘制遥控器.cdr。

图 2-226

课后习题——绘制记事本

【习题知识要点】使用矩形工具和调和工具绘制笔记本图形；使用椭圆形工具、多边形工具和渐变填充工具绘制装饰图形效果；使用矩形工具和阴影工具绘制标签效果；使用文本工具添加文字。记事本效果如图 2-227 所示。

【效果所在位置】光盘/Ch02/效果/绘制记事本.cdr。

图 2-227

第3章

绘制和编辑曲线

在 CorelDRAW X7 中，提供了多种绘制和编辑曲线的方法。绘制曲线是进行图形作品绘制的基础。而应用修整功能可以制作出复杂多变的图形效果。通过对本章的学习，读者可以更好地掌握绘制曲线和修整图形的方法，为绘制出更复杂、更绚丽的作品打好基础。

课堂学习目标

- 熟练掌握绘制曲线的方法和技巧
- 熟练掌握编辑曲线的方法
- 熟练掌握修整图形的方法

3.1 绘制曲线

在 CorelDRAW X7 中，绘制出的作品都是由几何对象构成的，而几何对象的构成元素是直线和曲线。通过学习绘制直线和曲线，可以进一步掌握 CorelDRAW X7 强大的绘图功能。

3.1.1 课堂案例——绘制香水瓶

【案例学习目标】学习使用艺术笔工具和贝塞尔工具绘制香水瓶。

【案例知识要点】使用艺术笔工具绘制烟花图形；使用贝塞尔工具绘制香水瓶图形；使用渐变填充工具为图形填充渐变色。香水瓶效果如图 3-1 所示。

图 3-1

【效果所在位置】光盘/Ch03/效果/绘制香水瓶.cdr。

（1）按 Ctrl+N 组合键，新建一个页面，在属性栏的"页面度量"选项中分别设置宽度为 182mm，高度为 218mm，按 Enter 键，页面尺寸显示为设置的大小。

（2）选择"文件 > 导入"命令，弹出"导入"对话框。选择光盘中的"Ch03 > 素材 > 绘制香水瓶 > 01"文件，单击"导入"按钮，在页面中单击导入图形。按 P 键，图片居中对齐页面，效果如图 3-2 所示。

（3）选择"艺术笔"工具 ，单击属性栏中的"喷涂"按钮 ，在"喷射图样"选项的下拉列表中选择需要的图形 ，其他选项的设置如图 3-3 所示。在页面中拖曳鼠标绘制图形，效果如图 3-4 所示。

图 3-2   图 3-3   图 3-4

（4）选择"贝塞尔"工具 ，绘制一个图形，效果如图 3-5 所示。按 F11 键，弹出"编辑填充"对话框，将"起点"颜色的 CMYK 值设置为：1、40、91、0，"终点"颜色的 CMYK 值设置为：2、10、95、0，其他选项的设置为默认值，单击"确定"按钮，填充图形，并去除图形的轮廓线，效果如图 3-6 所示。

（5）选择"贝塞尔"工具 ，绘制一个图形，如图 3-7 所示。按 F11 键，弹出"编辑填充"对话框，将"起点"颜色的 CMYK 值设置为：3、96、94、0，"终点"颜色的 CMYK 值设置为：1、68、96、0，其他选项的设置如图 3-8 所示。单击"确定"按钮，填充图形，去除图形的轮廓线，效果如图 3-9 所示。

图 3-5　　　　　　　　　　　图 3-6　　　　　　　　　　　图 3-7

图 3-8　　　　　　　　　　　　　　　　　　图 3-9

（6）选择"选择"工具 ，按数字键盘上的+键，复制一个图形。单击属性栏中的"水平镜像"按钮 ，水平翻转复制的图形，并拖曳到适当的位置，效果如图 3-10 所示。

（7）选择"贝塞尔"工具 ，绘制一个图形，如图 3-11 所示。填充为白色，并去除图形的轮廓线，效果如图 3-12 所示。选择"贝塞尔"工具 ，再绘制一个图形，如图 3-13 所示。

图 3-10　　　　　　　　　　　图 3-11

图 3-12　　　　　　　　　　　图 3-13

（8）按 F11 键，弹出"编辑填充"对话框，将"起点"颜色的 CMYK 值设置为：44、99、98、5，"终点"颜色的 CMYK 值设置为：5、100、96、0，其他选项的设置如图 3-14 所示。单击"确定"

按钮，填充图形，去除图形的轮廓线，效果如图 3-15 所示。

图 3-14   图 3-15

（9）选择"钢笔"工具，绘制一个图形，如图 3-16 所示。填充为白色，并去除图形的轮廓线，效果如图 3-17 所示。

图 3-16   图 3-17

（10）选择"钢笔"工具，绘制一个图形，如图 3-18 所示。按 F11 键，弹出"编辑填充"对话框，将"起点"颜色的 CMYK 值设置为：0、0、0、0，"终点"颜色的 CMYK 值设置为：15、71、99、0，其他选项的设置如图 3-19 所示。单击"确定"按钮，填充图形，并去除图形的轮廓线，效果如图 3-20 所示。

图 3-18   图 3-19   图 3-20

（11）选择"贝塞尔"工具，绘制一个图形，如图 3-21 所示。按 F11 键，弹出"编辑填充"对话框，将"起点"颜色的 CMYK 值设置为：46、75、99、6，"终点"颜色的 CMYK 值设置为：15、71、99、0，其他选项的设置如图 3-22 所示。单击"确定"按钮，填充图形，并去除图形的轮廓线，效果如图 3-23 所示。

图 3-21　　　　　　　　　　　图 3-22　　　　　　　　　　　图 3-23

（12）选择"文件 > 导入"命令，弹出"导入"对话框。选择光盘中的"Ch03 > 素材 > 绘制香水瓶 > 02、03"文件，单击"导入"按钮，分别在页面中单击导入图形，并拖曳到适当的位置，效果如图 3-24 所示。

（13）选择"选择"工具 ，用圈选的方法选取需要的图形。按数字键盘上的 + 键，复制图形，并调整其位置和大小，效果如图 3-25 所示。

（14）选择"文件 > 导入"命令，弹出"导入"对话框。选择光盘中的"Ch03 > 素材 > 绘制香水瓶 > 04"文件，单击"导入"按钮，在页面中单击导入图形，并拖曳到适当的位置，效果如图 3-26 所示。多次按 Ctrl+PageDown 组合键，将图形向下移动到适当的位置，效果如图 3-27 所示。

图 3-24　　　　　　　图 3-25　　　　　　　图 3-26　　　　　　　图 3-27

（15）选择"文件 > 导入"命令，弹出"导入"对话框。选择光盘中的"Ch03 > 素材 > 绘制香水瓶 > 05"文件，单击"导入"按钮，在页面中单击导入图形，并拖曳到适当的位置，效果如图 3-28 所示。香水瓶制作完成，效果如图 3-29 所示。

图 3-28　　　　　　　　　　图 3-29

3.1.2　认识曲线

在 CorelDRAW X7 中，曲线是矢量图形的组成部分。可以使用绘图工具绘制曲线，也可以将任何的矩形、多边形、椭圆以及文本对象转换成曲线。下面对曲线的节点、线段、控制线和控制点等概念进行讲解。

节点：构成曲线的基本要素，可以通过定位、调整节点、调整节点上的控制点来绘制和改变曲线的形状。通过在曲线上增加和删除节点使曲线的绘制更加简便。通过转换节点的性质，可以将直线和曲线的节点相互转换，使直线段转换为曲线段或曲线段转换为直线段。

线段：指两个节点之间的部分。线段包括直线段和曲线段，直线段在转换成曲线段后，可以进行曲线特性的操作，如图 3-30 所示。

图 3-30

控制线：在绘制曲线的过程中，节点的两端会出现蓝色的虚线。选择"形状"工具，在已经绘制好的曲线的节点上单击鼠标左键，节点的两端会出现控制线。

技巧　直线的节点没有控制线。直线段转换为曲线段后，节点上会出现控制线。

控制点：在绘制曲线的过程中，节点的两端会出现控制线，在控制线的两端是控制点。通过拖曳或移动控制点可以调整曲线的弯曲程度，如图 3-31 所示。

图 3-31

3.1.3　贝塞尔工具

"贝塞尔"工具可以绘制平滑、精确的曲线。可以通过确定节点和改变控制点的位置来控制曲线的弯曲度。可以使用节点和控制点对绘制完的直线或曲线进行精确地调整。

1．绘制直线和折线

选择"贝塞尔"工具 ，在绘图页面中单击鼠标左键以确定直线的起点，拖曳鼠标指针到需要的位置，再单击鼠标左键以确定直线的终点，绘制出一段直线。只要确定下一个节点，就可以绘制出折线的效果，如果想绘制出多个折角的折线，只要继续确定节点即可，如图 3-32 所示。

如果双击折线上的节点，将删除这个节点，折线的另外两个节点将自动连接，效果如图 3-33 所示。

图 3-32   图 3-33

2．绘制曲线

选择"贝塞尔"工具 ，在绘图页面中按住鼠标左键并拖曳光标以确定曲线的起点，松开鼠标左键，这时该节点的两边出现控制线和控制点，如图 3-34 所示。

将鼠标的光标移动到需要的位置单击并按住鼠标左键，在两个节点间出现一条曲线段，拖曳鼠标，第 2 个节点的两边出现控制线和控制点，控制线和控制点会随着光标的移动而发生变化，曲线的形状也会随之发生变化，调整到需要的效果后松开鼠标左键，如图 3-35 所示。

在下一个需要的位置单击鼠标左键后，将出现一条连续的平滑曲线，如图 3-36 所示。用"形状"工具 在第 2 个节点处单击鼠标左键，出现控制线和控制点，效果如图 3-37 所示。

图 3-34   图 3-35   图 3-36   图 3-37

> **提示** 当确定一个节点后，在这个节点上双击，再单击确定下一个节点后出现直线。当确定一个节点后，在这个节点上双击鼠标左键，再单击确定下一个节点并拖曳这个节点后出现曲线。

3.1.4 艺术笔工具

在 CorelDRAW X7 中，使用"艺术笔"工具 可以绘制出多种精美的线条和图形，可以模仿画笔的真实效果，在画面中产生丰富的变化，通过使用"艺术笔"工具可以绘制出不同风格的设计作品。

选择"艺术笔"工具 ，属性栏如图 3-38 所示。包含了 5 种模式 ，分别是："预设"模式、"笔刷"模式、"喷涂"模式、"书法"模式和"压力"模式。下面具体介绍这 5 种模式。

图 3-38

1．预设模式

预设模式提供了多种线条类型，并且可以改变曲线的宽度。单击属性栏的"预设笔触"右侧的按钮 ，弹出其下拉列表，如图 3-39 所示。在线条列表框中单击选择需要的线条类型。

单击属性栏中的"手绘平滑"设置区，弹出滑动条 ，拖曳滑动条或输入数值可以调节绘图时线条的平滑程度。在"笔触宽度" 框中输入数值可以设置曲线的宽度。选择"预设"模式和线条类型后，鼠标的光标变为 图标，在绘图页面中按住鼠标左键并拖曳光标，可以绘制出封闭的线条图形。

2．笔刷模式

笔刷模式提供了多种颜色样式的画笔，将画笔运用在绘制的曲线上，可以绘制出漂亮的效果。

在属性栏中单击"笔刷"模式按钮 ，单击属性栏的"笔刷笔触"右侧的按钮 ，弹出其下拉列表，如图 3-40 所示。在列表框中单击选择需要的笔刷类型，在页面中按住鼠标左键并拖曳光标，绘制出所需要的图形。

图 3-39   图 3-40

3．喷涂模式

喷涂模式提供了多种有趣的图形对象，这些图形对象可以应用在绘制的曲线上。可以在属性栏的"喷涂列表文件列表"下拉列表框中选择喷雾的形状来绘制需要的图形。

在属性栏中单击"喷涂"模式按钮 ，属性栏如图 3-41 所示。单击属性栏中"喷射图样"右侧的按钮 ，弹出其下拉列表，如图 3-42 所示。在列表框中单击选择需要的喷涂类型。单击属性栏中"选择喷涂顺序" 右侧的按钮，弹出下拉列表，可以选择喷出图形的顺序。选择"随机"选项，喷出的图形将会随机分布。选择"顺序"选项，喷出的图形将会以方形区域分布。选择"按方向"选项，喷出的图形将会随光标拖曳的路径分布。在页面中按住鼠标左键并拖曳光标，绘制出需要的图形。

图 3-41

图 3-42

4．书法模式

书法模式可以绘制出类似书法笔的效果，可以改变曲线的粗细。

在属性栏中单击"书法"模式按钮 ，属性栏如图 3-43 所示。在属性栏的"书法的角度" 选项中，可以设置"笔触"和"笔尖"的角度。如果角度值设为 0°，书法笔垂直方向画出的线条最粗，笔尖是水平的。如果角度值设置为 90°，书法笔水平方向画出的线条最粗，笔尖是垂直的。在绘图页面中按住鼠标左键并拖曳光标绘制图形。

图 3-43

5．压力模式

压力模式可以用压力感应笔或键盘输入的方式改变线条的粗细，应用好这个功能可以绘制出特殊的图形效果。

在属性栏的"预置笔触列表"模式中选择需要的画笔，单击"压力"模式按钮 ，属性栏如图 3-44 所示。在"压力"模式中设置好压力感应笔的平滑度和画笔的宽度，在绘图页面中按住鼠标左键并拖曳光标绘制图形。

图 3-44

3.1.5　钢笔工具

钢笔工具可以绘制出多种精美的曲线和图形，还可以对已绘制的曲线和图形进行编辑和修改。在 CorelDRAW X7 中绘制的各种复杂图形都可以通过钢笔工具来完成。

1．绘制直线和折线

选择"钢笔"工具 ，在绘图页面中单击鼠标左键以确定直线的起点，拖曳鼠标指针到需要的位置，再单击鼠标左键以确定直线的终点，绘制出一段直线，效果如图 3-45 所示。再继续单击鼠标左键确定下一个节点，就可以绘制出折线的效果，如果想绘制出多个折角的折线，只要继续单击鼠标左键确定节点就可以了，折线的效果如图 3-46 所示。要结束绘制，按 Esc 键或单击"钢笔"工具即可。

图 3-45　　　　　　　　　　　图 3-46

2．绘制曲线

选择"钢笔"工具，在绘图页面中单击鼠标左键以确定曲线的起点。松开鼠标左键，将鼠标的光标移动到需要的位置再单击并按住鼠标左键不动，在两个节点间出现一条直线段，如图 3-47 所示。拖曳鼠标，第 2 个节点的两边出现控制线和控制点，控制线和控制点会随着光标的移动而发生变化，直线段变为曲线的形状，如图 3-48 所示。调整到需要的效果后松开鼠标左键，曲线的效果如图 3-49 所示。

图 3-47　　　　　　　图 3-48　　　　　　　图 3-49

使用相同的方法可以对曲线继续绘制，效果如图 3-50 和图 3-51 所示。绘制完成的曲线效果如图 3-52 所示。

如果想在绘制曲线后绘制出直线，按住 C 键，在要继续绘制出直线的节点上按住鼠标左键并拖曳光标，这时出现节点的控制点。松开 C 键，将控制点拖曳到下一个节点的位置，如图 3-53 所示。松开鼠标左键，再单击鼠标左键，可以绘制出一段直线，效果如图 3-54 所示。

图 3-50　　　　　图 3-51　　　　　图 3-52　　　　　图 3-53　　　　　图 3-54

3．编辑曲线

在"钢笔"工具属性栏中选择"自动添加或删除节点"按钮，曲线绘制的过程变为自动添加或删除节点模式。

将"钢笔"工具的光标移动到节点上，光标变为删除节点图标，如图 3-55 所示。单击鼠标左键可以删除节点，效果如图 3-56 所示。

将"钢笔"工具的光标移动到曲线上，光标变为添加节点图标，如图 3-57 所示。单击鼠标左键可以添加节点，效果如图 3-58 所示。

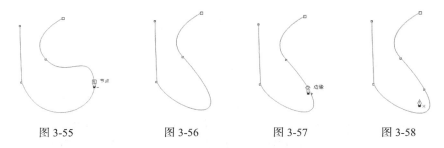

| 图 3-55 | 图 3-56 | 图 3-57 | 图 3-58 |

将"钢笔"工具的光标移动到曲线的起始点，光标变为闭合曲线图标，如图 3-59 所示。单击鼠标左键可以闭合曲线，效果如图 3-60 所示。

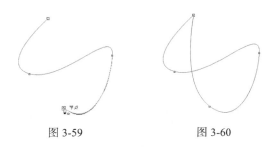

| 图 3-59 | 图 3-60 |

技巧 绘制曲线的过程中，按住 Alt 键，可以编辑曲线段、进行节点的转换、移动和调整等操作；松开 Alt 键可以继续进行绘制。

3.2 编辑曲线

在 CorelDRAW X7 中，完成曲线或图形的绘制后，可能还需要进一步地调整曲线或图形来达到设计方面的要求，这时就需要使用 CorelDRAW X7 的编辑曲线功能来进行更完善的编辑。

3.2.1 课堂案例——绘制苹果

【案例学习目标】学习使用编辑曲线工具绘制苹果。

【案例知识要点】使用椭圆形工具、贝塞尔工具和填充工具绘制苹果图形；使用椭圆形工具和调和工具绘制阴影效果。苹果效果如图 3-61 所示。

图 3-61

【效果所在位置】光盘/Ch03/效果/绘制苹果.cdr。

（1）按 Ctrl+N 组合键，新建一个 A4 页面。选择"椭圆形"工具，按住 Ctrl 键的同时，绘制一个圆形，如图 3-62 所示。单击属性栏中的"转换为曲线"按钮，将图形转换为曲线，效果如图 3-63 所示。

（2）选择"形状"工具，在适当的位置双击鼠标添加节点，如图 3-64 所示。用相同的方法再添加 3 个节点，如图 3-65 所示。

图 3-62　　　　　　图 3-63　　　　　　图 3-64　　　　　　图 3-65

（3）选择"形状"工具 ，选取需要的节点，如图 3-66 所示。向下拖曳到适当的位置，效果如图 3-67 所示。选取需要的控制线并将其拖曳到适当的位置，效果如图 3-68 所示。用相同的方法分别调整其他控制线，效果如图 3-69 所示。设置图形颜色的 CMYK 值为 0、100、100、30，填充图形，并去除图形的轮廓线，效果如图 3-70 所示。

图 3-66　　　　　　图 3-67　　　　　　图 3-68　　　　　　图 3-69　　　　　　图 3-70

（4）选择"选择"工具 ，按数字键盘上的+键，复制一个图形。按住 Shift 键的同时，向内拖曳图形右上方的控制手柄，将图形等比例缩小，如图 3-71 所示。设置图形颜色的 CMYK 值为 0、100、100、20，填充图形，效果如图 3-72 所示。

（5）选择"贝塞尔"工具 ，在适当的位置绘制一个图形，如图 3-73 所示。设置图形颜色的 CMYK 值为 0、96、100、0，填充图形，并去除图形的轮廓线，效果如图 3-74 所示。用相同的方法绘制其他图形，并分别填充适当的颜色，效果如图 3-75 所示。

图 3-71　　　　　　图 3-72　　　　　　图 3-73　　　　　　图 3-74　　　　　　图 3-75

（6）选择"贝塞尔"工具 ，在适当的位置绘制一个图形，如图 3-76 所示。设置图形颜色的 CMYK 值为 15、100、100、40，填充图形，并去除图形的轮廓线，效果如图 3-77 所示。

（7）选择"选择"工具 ，按数字键盘上的+键，复制一个图形。按住 Shift 键的同时，向内拖曳图形右上方的控制手柄，将图形等比例缩小，如图 3-78 所示。设置图形颜色的 CMYK 值为 0、100、100、60，填充图形，效果如图 3-79 所示。

图 3-76　　　　　　　图 3-77　　　　　　　图 3-78　　　　　　　图 3-79

（8）选择"贝塞尔"工具 ，在适当的位置绘制一个图形，如图 3-80 所示。设置图形颜色的 CMYK 值为 58、95、100、51，填充图形，并去除图形的轮廓线，效果如图 3-81 所示。用相同的方法再绘制一个图形，设置图形颜色的 CMYK 值为 48、89、100、19，填充图形，并去除图形的轮廓线，效果如图 3-82 所示。

图 3-80　　　　　　　图 3-81　　　　　　　图 3-82

（9）选择"贝塞尔"工具 ，在适当的位置绘制一个图形，如图 3-83 所示。设置图形颜色的 CMYK 值为 40、0、100、0，填充图形，并去除图形的轮廓线，效果如图 3-84 所示。

（10）选择"贝塞尔"工具 ，在适当的位置绘制一个图形，如图 3-85 所示。用相同的方法分别绘制其他图形，效果如图 3-86 所示。

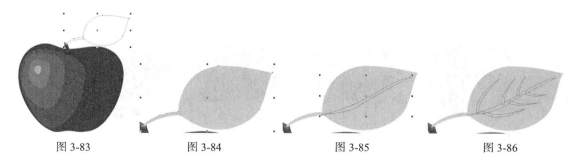

图 3-83　　　　　　　图 3-84　　　　　　　图 3-85　　　　　　　图 3-86

（11）选择"选择"工具 ，用圈选的方法将图形同时选取，如图 3-87 所示。单击属性栏中的"合并"按钮 ，合并为一个图形，效果如图 3-88 所示。设置图形颜色的 CMYK 值为 40、0、100、15，填充图形，并去除图形的轮廓线，效果如图 3-89 所示。

图 3-87　　　　　　　图 3-88　　　　　　　图 3-89

（12）选择"选择"工具 ，用圈选的方法将叶子图形同时选取，按 Ctrl+G 组合键，将图形群组，如图 3-90 所示。按数字键盘上的+键，复制叶子图形，拖曳到适当的位置并调整其大小。在属性栏中的"旋转角度"框 ⌀ ⬚ 中设置数值为 50°，按 Enter 键，效果如图 3-91 所示。

图 3-90   图 3-91

（13）选择"贝塞尔"工具 ✎，在适当的位置绘制一个图形，如图 3-92 所示。设置图形颜色的 CMYK 值为 0、91、100、0，填充图形，并去除图形的轮廓线，效果如图 3-93 所示。

图 3-92   图 3-93

（14）选择"椭圆形"工具 ○，绘制一个椭圆形，如图 3-94 所示。设置图形颜色的 CMYK 值为 0、0、0、10，填充图形，并去除图形的轮廓线，效果如图 3-95 所示。选择"选择"工具 ▸，按数字键盘上的+键，复制一个图形。按住 Shift 键的同时，向内拖曳图形右上方的控制手柄，将图形等比例缩小，如图 3-96 所示。设置图形颜色的 CMYK 值为 0、0、0、100，填充图形，效果如图 3-97 所示。

图 3-94   图 3-95   图 3-96   图 3-97

（15）选择"调和"工具 ⬚，在两个椭圆形之间拖曳鼠标，在属性栏中进行设置，如图 3-98 所示，按 Enter 键，效果如图 3-99 所示。按 Shift+PageDown 组合键，将其移动到最后一层，效果如图 3-100 所示。

图 3-98   图 3-99   图 3-100

（16）选择"选择"工具，将图形同时选取，如图 3-101 所示。按 Ctrl+G 组合键，将其群组。按数字键盘上的+键，复制图形，拖曳到适当的位置并调整其大小，效果如图 3-102 所示。苹果绘制完成。

图 3-101　　　　　　　　　　　　图 3-102

3.2.2　编辑曲线的节点

节点是构成图形对象的基本要素，用"形状"工具选择曲线或图形对象后，会显示曲线或图形的全部节点。通过移动节点和节点的控制点、控制线可以编辑曲线或图形的形状，还可以通过增加和删除节点来进一步编辑曲线或图形。

绘制一条曲线，如图 3-103 所示。使用"形状"工具，单击选中曲线上的节点，如图 3-104 所示。弹出的属性栏如图 3-105 所示。

在属性栏中有 3 种节点类型：尖突节点、平滑节点和对称节点。节点类型的不同决定了节点控制点的属性也不同，单击属性栏中的按钮可以转换 3 种节点的类型。

尖突节点：尖突节点的控制点是独立的，当移动一个控制点时，另外一个控制点并不移动，从而使得通过尖突节点的曲线能够尖突弯曲。

平滑节点：平滑节点的控制点之间是相关的，当移动一个控制点时，另外一个控制点也会随之移动，通过平滑节点连接的线段将产生平滑的过渡。

对称节点：对称节点的控制点不仅是相关的，而且控制点和控制线的长度是相等的，从而使得对称节点两边曲线的曲率也是相等的。

图 3-103　　　　　　　　　　　　图 3-104

图 3-105

1．选取并移动节点

绘制一个图形，如图 3-106 所示。选择"形状"工具，单击鼠标左键选取节点，如图 3-107 所示，按住鼠标左键拖曳鼠标，节点被移动，如图 3-108 所示。松开鼠标左键，图形调整的效果如

图 3-109 所示。

图 3-106   图 3-107   图 3-108   图 3-109

使用"形状"工具 ，选中并拖曳节点上的控制点，如图 3-110 所示。松开鼠标左键，图形调整的效果如图 3-111 所示。

使用"形状"工具 ，圈选图形上的部分节点，如图 3-112 所示。松开鼠标左键，图形被选中的部分节点如图 3-113 所示。拖曳任意一个被选中的节点，其他被选中的节点也会随之移动。

图 3-110   图 3-111   图 3-112   图 3-113

提示　　因为在 CorelDRAW X7 中有 3 种节点类型，所以当移动不同类型节点上的控制点时，图形的形状也会有不同形式的变化。

2. 增加或删除节点

绘制一个图形，如图 3-114 所示。使用"形状"工具 ，选择需要增加和删除节点的曲线，在曲线上要增加节点的位置双击鼠标左键，如图 3-115 所示，可以在这个位置增加一个节点，效果如图 3-116 所示。

单击属性栏中的"添加节点"按钮 ，也可以在曲线上增加节点。

图 3-114   图 3-115   图 3-116

将鼠标的光标放在要删除的节点上并双击鼠标左键，如图 3-117 所示，可以删除这个节点，效果如图 3-118 所示。

选中要删除的节点，单击属性栏中的"删除节点"按钮 ，也可以在曲线上删除选中的节点。

技巧　　如果需要在曲线和图形中删除多个节点，可以先按住 Shift 键，再用鼠标选择要删除的多个节点，选择好后按 Delete 键就可以了。当然也可以使用圈选的方法选择需要删除的多个节点，选择好后按 Delete 键即可。

图 3-117　　　　　　　　　　　　　图 3-118

3．合并和连接节点

使用"形状"工具，圈选两个需要合并的节点，如图 3-119 所示。两个节点被选中，如图 3-120 所示，单击属性栏中的"连接两个节点"按钮，将节点合并，使曲线成为闭合的曲线，如图 3-121 所示。

图 3-119　　　　　　　图 3-120　　　　　　　图 3-121

使用"形状"工具，圈选两个需要连接的节点，单击属性栏中的"闭和曲线"按钮，可以将两个节点以直线连接，使曲线成为闭合的曲线。

4．断开节点

在曲线中要断开的节点上单击鼠标左键，选中该节点，如图 3-122 所示。单击属性栏中的"断开曲线"按钮，断开节点。选择"选择"工具，曲线效果如图 3-123 所示。再使用"选择"工具选择并移动曲线，曲线的节点被断开，曲线变为两条，效果如图 3-124 所示。

图 3-122　　　　　　　图 3-123　　　　　　　图 3-124

> **技巧**　在绘制图形的过程中有时需要将开放的路径闭合。选择"排列 > 闭合路径"下的各个菜单命令，可以以直线或曲线方式闭合路径。

3.2.3　编辑曲线的轮廓和端点

通过属性栏可以设置一条曲线的端点和轮廓的样式，这项功能可以帮助用户制作出非常实用的效果。

绘制一条曲线，再用"选择"工具选择这条曲线，如图 3-125 所示。这时的属性栏如图 3-126 所示。在属性栏中单击"轮廓宽度".2 mm 右侧的按钮，弹出轮廓宽度的下拉列表，如图 3-127

所示。在其中进行选择，将曲线变宽，效果如图 3-128 所示，也可以在"轮廓宽度"框中输入数值后，按 Enter 键，设置曲线宽度。

| 图 3-125 | 图 3-126 | 图 3-127 | 图 3-128 |

在属性栏中有 3 个可供选择的下拉列表按钮 ，按从左到右的顺序分别是"起始箭头" 、"轮廓样式" 和"终止箭头" 。单击"起始箭头" 上的黑色三角按钮，弹出"起始箭头"下拉列表框，如图 3-129 所示。单击需要的箭头样式，在曲线的起始点会出现选择的箭头，效果如图 3-130 所示。单击"轮廓样式" 上的黑色三角按钮，弹出"轮廓样式"下拉列表框，如图 3-131 所示。单击需要的轮廓样式，曲线的样式被改变，效果如图 3-132 所示。单击"终止箭头" 上的黑色三角按钮，弹出"终止箭头"下拉列表框，如图 3-133 所示。单击需要的箭头样式上，在曲线的终止点会出现选择的箭头，如图 3-134 所示。

| 图 3-129 | 图 3-130 | 图 3-131 |
| 图 3-132 | 图 3-133 | 图 3-134 |

3.2.4 编辑和修改几何图形

使用矩形、椭圆形和多边形工具绘制的图形都是简单的几何图形。这类图形有其特殊的属性，图形上的节点比较少，只能对其进行简单的编辑。如果想对其进行更复杂的编辑，就需要将简单的几何图形转换为曲线。

1．使用"转换为曲线"按钮

使用"椭圆形"工具 绘制一个椭圆形，效果如图 3-135 所示；在属性栏中单击"转换为曲线"按钮 ，将椭圆图形转换为曲线图形，在曲线图形上增加了多个节点，如图 3-136 所示，使用"形状"工具 拖曳椭圆形上的节点，如图 3-137 所示，松开鼠标左键，调整后的图形效果如图 3-138 所示。

图 3-135　　　　　图 3-136　　　　　图 3-137　　　　　图 3-138

2．使用"转换直线为曲线"按钮

使用"多边形"工具 绘制一个多边形，如图 3-139 所示；选择"形状"工具 ，单击需要选中的节点，如图 3-140 所示；单击属性栏中的"转换直线为曲线"按钮 ，将线段转换为曲线，在曲线上出现节点，图形的对称性被保持，如图 3-141 所示；使用"形状"工具 拖曳节点调整图形，如图 3-142 所示。松开鼠标左键，图形效果如图 3-143 所示。

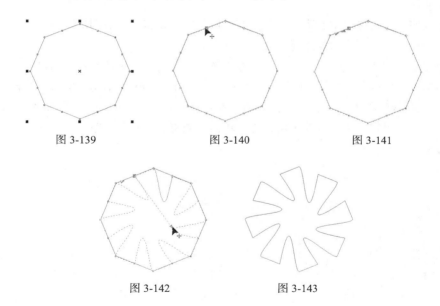

图 3-139　　　　　　　　图 3-140　　　　　　　　图 3-141

图 3-142　　　　　　　　图 3-143

3．裁切图形

使用"刻刀"工具可以对单一的图形对象进行裁切，使一个图形被裁切成两个部分。

选择"刻刀"工具 ，鼠标的光标变为刻刀形状。将光标放到图形上准备裁切的起点位置，光标变为竖直形状后单击鼠标左键，如图 3-144 所示；移动光标会出现一条裁切线，将鼠标的光标放在裁切的终点位置后单击鼠标左键，如图 3-145 所示；图形裁切完成的效果如图 3-146 所示；使用"选择"工具 拖曳裁切后的图形，如图 3-147 所示。裁切的图形被分成了两部分。

| 图 3-144 | 图 3-145 | 图 3-146 | 图 3-147 |

在裁切前单击"保留为一个对象"按钮 ，在图形被裁切后，裁切的两部分还属于一个图形对象。若不单击此按钮，在裁切后可以得到两个相互独立的图形。按 Ctrl+K 组合键，可以拆分切割后的曲线。

单击"裁切时自动闭合"按钮 ，在图形被裁切后，裁切的两部分将自动生成闭合的曲线图形，并保留其填充的属性。若不单击此按钮，在图形被裁切后，裁切的两部分将不会自动闭合，同时图形会失去填充属性。

技巧 　按住 Shift 键，使用"刻刀"工具将以贝塞尔曲线的方式裁切图形。已经经过渐变、群组及特殊效果处理的图形和位图都不能使用刻刀工具来裁切。

4. 擦除图形

使用"橡皮擦"工具可以擦除图形的部分或全部，并可以将擦除后图形的剩余部分自动闭合。橡皮擦工具只能对单一的图形对象进行擦除。

绘制一个图形，如图 3-148 所示。选择"橡皮擦"工具 ，鼠标的光标变为擦除工具图标，单击并按住鼠标左键，拖曳鼠标可以擦除图形，如图 3-149 所示；擦除后的图形效果如图 3-150 所示。

"橡皮擦"工具属性栏如图 3-151 所示。"橡皮擦厚度" 可以设置擦除的宽度；单击"减少节点"按钮 ，可以在擦除时自动平滑边缘；单击"橡皮擦形状"按钮 可以转换橡皮擦的形状为方形和圆形擦除图形。

| 图 3-148 | 图 3-149 | 图 3-150 | 图 3-151 |

5. 修饰图形

使用"涂抹笔刷"工具 和"粗糙笔刷"工具 可以修饰已绘制的矢量图形。

绘制一个图形，如图 3-152 所示。选择"涂抹笔刷"工具 ，其属性栏如图 3-153 所示。在图上拖曳，制作出需要的涂抹效果，如图 3-154 所示。

图 3-152　　　　　　　　　　图 3-153　　　　　　　　　　图 3-154

绘制一个图形，如图 3-155 所示。选择"粗糙笔刷"工具，其属性栏如图 3-156 所示。在图形边缘拖曳，制作出需要的粗糙效果，如图 3-157 所示。

图 3-155　　　　　　　　　　图 3-156　　　　　　　　　　图 3-157

提示　　"涂抹笔刷"工具和"粗糙笔刷"工具可以应用的矢量对象有：开放/闭合的路径、纯色和交互式渐变填充、交互式透明和交互式阴影效果的对象。不可以应用的矢量对象有：交互式调和、立体化的对象和位图。

3.3　修整图形

在 CorelDRAW X7 中，修整功能是编辑图形对象非常重要的手段。使用修整功能中的焊接、修剪、相交和简化等命令可以创建出复杂的全新图形。

3.3.1　课堂案例——绘制校车

【案例学习目标】学习使用整形工具绘制校车图形。

【案例知识要点】使用矩形工具、合并命令和移除前面对象命令绘制车身图形；使用椭圆形工具和贝塞尔工具绘制车轮。校车效果如图 3-158 所示。

【效果所在位置】光盘/Ch03/效果/绘制校车.cdr。

图 3-158

（1）按 Ctrl+N 组合键，新建一个 A4 页面。单击属性栏中的"横向"按钮，页面显示为横向页面。选择"矩形"工具，绘制一个矩形，如图 3-159 所示。在属性栏中进行设置，如图 3-160 所示，按 Enter 键，效果如图 3-161 所示。

图 3-159　　　　　　　　　　　图 3-160　　　　　　　　　　　图 3-161

（2）选择"矩形"工具 □，绘制一个矩形，如图 3-162 所示。在属性栏中进行设置，如图 3-163 所示，按 Enter 键，效果如图 3-164 所示。

（3）选择"选择"工具 ，用圈选的方法图形同时选取，如图 3-165 所示。单击属性栏中的"合并"按钮 ，合并为一个图形，设置图形颜色的 CMYK 值为 0、30、100、0，填充图形，并去除图形的轮廓线，效果如图 3-166 所示。

图 3-162　　　　　　　　　　　　　　　　　图 3-163

图 3-164　　　　　　　　　　图 3-165　　　　　　　　　　图 3-166

（4）选择"矩形"工具 □，绘制一个矩形，在属性栏中进行设置，如图 3-167 所示，按 Enter 键，效果如图 3-168 所示。

图 3-167

图 3-168

（5）选择"选择"工具 ，按数字键盘上的+键，复制图形。按住 Ctrl 键的同时向右拖曳矩形图形到适当的位置，如图 3-169 所示。按住 Ctrl 键的同时，再连续点按 D 键，再置出多个图形，效果如图 3-170 所示。

（6）选择"选择"工具 ，用圈选的方法将矩形图形同时选取，如图 3-171 所示。按 Ctrl+G 组合键，将其群组。按住 Shift

图 3-169

键的同时，选取车身图形，如图 3-172 所示。单击属性栏中的"移除前面对象"按钮，将图形修剪为一个图形，效果如图 3-173 所示。

图 3-170　　　　　　　　　　　　　　　图 3-171

图 3-172　　　　　　　　　　　　　　　图 3-173

（7）选择"矩形"工具，绘制一个矩形，在属性栏中进行设置，如图 3-174 所示，按 Enter 键，效果如图 3-175 所示。

图 3-174　　　　　　　　　　　　　　　图 3-175

（8）选择"矩形"工具，绘制一个矩形，如图 3-176 所示。选择"选择"工具，按数字键盘上的+键，复制图形。按住 Ctrl 键的同时向右拖曳矩形图形到适当的位置，如图 3-177 所示。按住 Ctrl 键的同时，再连续点按 D 键，再置出多个图形，效果如图 3-178 所示。

图 3-176　　　　　　　　图 3-177　　　　　　　　图 3-178

（9）选择"选择"工具，用圈选的方法将矩形图形同时选取，如图 3-179 所示。按 Ctrl+G 组合键，将其群组。按住 Shift 键的同时，选取圆角矩形图形。单击属性栏中的"移除前面对象"按钮，将图形修剪为一个图形，效果如图 3-180 所示。设置图形颜色的 CMYK 值为 73、84、100、67，填充图形，并去除图形的轮廓线，效果如图 3-181 所示。

图 3-179

图 3-180

图 3-181

（10）选择"矩形"工具 □，绘制一个矩形，在属性栏中进行设置，如图 3-182 所示，按 Enter 键，效果如图 3-183 所示。

图 3-182

图 3-183

（11）选择"矩形"工具 □，绘制一个矩形，在属性栏中进行设置，如图 3-184 所示，按 Enter 键，效果如图 3-185 所示。

图 3-184

图 3-185

（12）选择"选择"工具 □，用圈选的方法将矩形图形同时选取，如图 3-186 所示。按 F12 键，弹出"轮廓笔"对话框，在"颜色"选项中设置轮廓线颜色的 CMYK 值为 0、20、20、80，其他选项的设置如图 3-187 所示，单击"确定"按钮，效果如图 3-188 所示。

图 3-186

图 3-187

图 3-188

（13）选择"矩形"工具 □，绘制一个矩形，在属性栏中进行设置，如图 3-189 所示，按 Enter

键，效果如图 3-190 所示。选择"选择"工具 ，按数字键盘上的+键，复制图形，按住 Ctrl 键的同时，水平向右拖曳到适当的位置，效果如图 3-191 所示。用相同的方法绘制其他图形，效果如图 3-192 所示。

图 3-189　　　　　　　　　　　　　　　　　图 3-190

图 3-191　　　　　　　　　　　图 3-192

（14）选择"选择"工具 ，用圈选的方法将矩形图形同时选取，如图 3-193 所示。按 Ctrl+G 组合键，将其群组。按住 Shift 键的同时，选取车身图形，如图 3-194 所示。单击属性栏中的"移除前面对象"按钮 ，将图形修剪为一个图形，效果如图 3-195 所示。

图 3-193　　　　　　　　　　图 3-194　　　　　　　　　　图 3-195

（15）选择"贝塞尔"工具 ，在适当的位置绘制一个图形。设置填充色的 CMYK 值为 40、0、0、0，填充图形，并去除图形的轮廓线，效果如图 3-196 所示。按 Shift+PageDown 组合键，将其移动到最后一层，效果如图 3-197 所示。

图 3-196　　　　　　　　　　　　　图 3-197

（16）选择"椭圆形"工具 ，在适当的位置绘制一个椭圆形。设置图形颜色的 CMYK 值为 40、0、0、0，填充图形，并去除图形的轮廓线，效果如图 3-198 所示。按 Shift+PageDown 组合键，将其移动到最后一层，效果如图 3-199 所示。用相同的方法绘制其他图形，并填充相同的

图 3-198

颜色，效果如图 3-200 所示。

图 3-199　　　　　　　　　　　　　　　图 3-200

（17）选择"椭圆形"工具 ，按住 Ctrl 键的同时，绘制一个圆形，如图 3-201 所示。选择"选择"工具 ，单击数字键盘上的+键，复制圆形，按住 Ctrl 键的同时，水平向右拖曳到适当的位置，如图 3-202 所示。

图 3-201　　　　　　　　　　　　　　　图 3-202

（18）选择"选择"工具 ，用圈选的方法将圆形图形同时选取，按 Ctrl+G 组合键，将其群组。按住 Shift 键的同时，选取车身图形，如图 3-203 所示。单击属性栏中的"移除前面对象"按钮 ，将图形修剪为一个图形，效果如图 3-204 所示。

图 3-203　　　　　　　　　　　　　　　图 3-204

（19）选择"椭圆形"工具 ，按住 Ctrl 键的同时，绘制一个圆形。设置图形颜色的 CMYK 值为 73、84、100、67，填充图形，并去除图形的轮廓线，效果如图 3-205 所示。用相同的方法绘制其他圆形，并分别填充适当的颜色，效果如图 3-206 所示。

图 3-205　　　　　　　　　　　　　　　图 3-206

（20）选择"贝塞尔"工具 ，在适当的位置绘制一个图形。设置填充色的 CMYK 值为 0、30、

100、15，填充图形，并去除图形的轮廓线，效果如图 3-207 所示。用相同的方法
绘制其他车轮图形，效果如图 3-208 所示。

图 3-207

（21）选择"矩形"工具 ，绘制一个矩形，在属性栏中进行设置，如图 3-209
所示，按 Enter 键。设置图形颜色的 CMYK 值为 73、84、100、67，填充图形，
并去除图形的轮廓线，效果如图 3-210 所示。按 Shift+PageDown 组合键，将其移
动到最后一层，效果如图 3-211 所示。

图 3-208　　　　　　　　　　　　　　图 3-209

图 3-210　　　　　　　　　　　　　　图 3-211

（22）选择"矩形"工具 ，绘制一个矩形，在属性栏中进行设置，如图 3-212 所示，按 Enter
键。设置图形颜色的 CMYK 值为 73、84、100、67，填充图形，并去除图形的轮廓线，效果如图 3-213
所示。用相同的方法绘制其他图形，并填充相同的颜色，效果如图 3-214 所示。校车绘制完成。

图 3-212

图 3-213　　　　　　　　　　　　　　图 3-214

3.3.2　合并

合并会将几个图形结合成一个图形，新的图形轮廓由被合并的图形边界组成，被合并图形的交

叉线都将消失。

绘制要合并的图形，效果如图 3-215 所示。使用"选择"工具 ，选中要合并的图形，如图 3-216 所示。

图 3-215　　　　　　　　　　　　　　　图 3-216

选择"窗口 > 泊坞窗 > 造型"命令，或选择"对象 > 造形 > 造型"命令，都可以弹出如图 3-217 所示的"造型"泊坞窗。在"造型"泊坞窗中选择"焊接"选项，再单击"焊接到"按钮，将鼠标的光标放到目标对象上并单击鼠标左键，如图 3-218 所示。焊接后的效果如图 3-219 所示，新生成的图形对象的边框和颜色填充与目标对象完全相同。

图 3-217　　　　　　　　　　图 3-218　　　　　　　　　　图 3-219

在进行焊接操作之前可以在"造型"泊坞窗中设置是否"保留原始源对象"和"保留原目标对象"。选择"保留原始源对象"和"保留原目标对象"选项，如图 3-220 所示。再焊接图形对象，来源对象和目标对象都被保留，如图 3-221 所示。保留来源对象和目标对象对"修剪"和"相交"功能也适用。

选择几个要焊接的图形后，选择"对象 > 造形 > 合并"都可以完成多个对象的合并。合并前圈选多个图形时，在最底层的图形就是"目标对象"。按住 Shift 键，选择多个图形时，最后选中的图形就是"目标对象"。

图 3-220　　　　　　　　　　图 3-221

3.3.3　修剪

修剪会将目标对象与来源对象的相交部分裁掉，使目标对象的形状被更改。修剪后的目标对象保留其填充和轮廓属性。

绘制相交的图形，如图 3-222 所示。使用"选择"工具 选择其中的来源对象，如图 3-223 所示。

图 3-222   图 3-223

选择"窗口 > 泊坞窗 > 造型"命令，或选择"对象 > 造型 > 造型"命令，都可以弹出如图 3-224 所示的"造型"泊坞窗。在"造型"泊坞窗中选择"修剪"选项，再单击"修剪"按钮，将鼠标的光标放到目标对象上并单击鼠标左键，如图 3-225 所示。修剪后的效果如图 3-226 所示，新生成的图形对象的边框和颜色填充与目标对象完全相同。

图 3-224   图 3-225   图 3-226

选择"对象 > 造型 > 修剪"命令，也可以完成修剪，来源对象和被修剪的目标对象会同时存在于绘图页面中。

提示   圈选多个图形时，在最底层的图形对象就是目标对象。按住 Shift 键，选择多个图形时，最后选中的图形就是目标对象。

3.3.4 相交

相交会将两个或两个以上对象的相交部分保留，使相交的部分成为一个新的图形对象。新创建图形对象的填充和轮廓属性将与目标对象相同。

绘制相交的图形，如图 3-227 所示。使用"选择"工具 选择其中的来源对象，如图 3-228 所示。

图 3-227   图 3-228

选择"窗口 > 泊坞窗 > 造型"命令，弹出如图 3-229 所示的"造型"泊坞窗。在"造型"泊坞窗中选择"相交"选项，单击"相交对象"按钮，将鼠标的光标放到目标对象上并单击鼠标左键，如图 3-230 所示，相交后的效果如图 3-231 所示，相交后图形对象将保留目标对象的填充和轮廓属性。

图 3-229　　　　　　　　　　图 3-230　　　　　　　　　　图 3-231

选择"对象 > 造形 > 相交"命令，也可以完成相交裁切。来源对象和目标对象以及相交后的新图形对象会同时存在于绘图页面中。

3.3.5　简化

简化会减去后面图形中和前面图形的重叠部分，并保留前面图形和后面图形的状态。

绘制相交的图形对象，如图 3-232 所示。使用"选择"工具 选中两个相交的图形对象，如图 3-233 所示。

图 3-232　　　　　　　　　　　图 3-233

选择"窗口 > 泊坞窗 > 造型"命令，弹出如图 3-234 所示的"造型"泊坞窗。在"造型"泊坞窗中选择"简化"选项，单击"应用"按钮，图形的简化效果如图 3-235 所示。

图 3-234　　　　　　　　　　图 3-235

选择"对象 > 造形 > 简化"命令，也可以完成图形的简化。

3.3.6　移除后面对象

移除后面对象会减去后面图形，减去前后图形的重叠部分，并保留前面图形的剩余部分。

绘制两个相交的图形对象，如图 3-236 所示。使用"选择"工具 选中两个相交的图形对象，如图 3-237 所示。

选择"窗口 > 泊坞窗 > 造型"命令，弹出如图 3-238 所示的"造型"泊坞窗。在"造型"泊坞窗中选择"移除后面对象"选项，单击"应用"按钮，移除后面对象效果如图 3-239 所示。

图 3-236　　　　　　图 3-237　　　　　　图 3-238　　　　　　图 3-239

选择"对象 > 造形 > 移除后面对象"命令，也可以完成图形的前减后。

3.3.7　移除前面对象

移除前面对象会减去前面图形，减去前后图形的重叠部分，并保留后面图形的剩余部分。

绘制两个相交的图形对象，如图 3-240 所示。使用"选择"工具 选中两个相交的图形对象，如图 3-241 所示。

选择"窗口 > 泊坞窗 > 造型"命令，弹出如图 3-242 所示的"造型"泊坞窗。在"造型"泊坞窗中选择"移除前面对象"选项，单击"应用"按钮，移除前面对象效果如图 3-243 所示。

选择"对象 > 造形 > 移除前面对象"命令，也可以完成图形的后减前。

图 3-240　　　　　　图 3-241　　　　　　图 3-242　　　　　　图 3-243

3.3.8　边界

边界可以快速创建一个所选图形的共同边界。

绘制要创建边界的图形对象，使用"选择"工具 选中图形对象，如图 3-244 所示。

选择"窗口 > 泊坞窗 > 造型"命令，弹出如图 3-245 所示的"造型"泊坞窗。在"造型"泊坞坞窗中选择"边界"选项，单击"应用"按钮，边界效果如图 3-246 所示。

图 3-244　　　　　　　　　　图 3-245　　　　　　　　　　图 3-246

课堂练习——绘制小羊插画

【练习知识要点】使用矩形工具和渐变工具制作背景；使用椭圆形工具和多边形工具绘制太阳图形；使用椭圆形工具和合并命令制作云朵；使用贝塞尔工具、螺纹工具和多边形工具绘制羊身和羊角图形；使用艺术笔工具绘制小草和蘑菇图形，效果如图 3-247 所示。

【效果所在位置】光盘/Ch03/效果/绘制小羊插画.cdr。

图 3-247

课后习题——绘制矢量元素画

【习题知识要点】使用椭圆形工具、矩形工具、合并命令和贝塞尔工具绘制咖啡杯和勺子图形；使用贝塞尔工具和填充工具绘制咖啡豆图形和背景效果，最终效果如图 3-248 所示。

【效果所在位置】光盘/Ch03/效果/绘制矢量元素画.cdr。

图 3-248

第4章

编辑轮廓线与填充颜色

在 CorelDRAW X7 中，绘制一个图形时需要先绘制出该图形的轮廓线，并按设计的需求对轮廓线进行编辑。编辑完成后，就可以使用色彩进行渲染。优秀的设计作品中，色彩的运用非常重要。通过学习本章的内容，读者可以制作出不同效果的图形轮廓线，了解并掌握各种颜色的填充方式和填充技巧。

课堂学习目标

- 掌握编辑轮廓线和均匀填充的方法
- 掌握渐变填充和图样填充的方法
- 掌握其他填充方法

4.1　编辑轮廓线和均匀填充

在 CorelDRAW X7 中，提供了丰富的轮廓线和填充设置，可以制作出精美的轮廓线和填充效果。下面具体介绍编辑轮廓线和均匀填充的方法和技巧。

4.1.1　课堂案例——绘制小天使

【案例学习目标】学习使用几何形状工具和填充工具绘制小天使。

【案例知识要点】使用贝塞尔工具、椭圆形工具和填充工具绘制小天使图形。使用贝塞尔工具和轮廓笔命令绘制翅膀图形。小天使效果如图 4-1 所示。

图 4-1

【效果所在位置】光盘/Ch04/效果/绘制小天使.cdr。

（1）按 Ctrl+N 组合键，新建一个 A4 页面。单击属性栏中的"横向"按钮□，页面显示为横向页面。选择"贝塞尔"工具，在适当的位置绘制一个图形，设置图形颜色的 CMYK 值为 0、20、40、0，填充图形，并去除图形的轮廓线，效果如图 4-2 所示。

（2）选择"贝塞尔"工具，在适当的位置绘制一个图形，如图 4-3 所示。设置图形颜色的 CMYK 值为 0、20、40、60，填充图形，并去除图形的轮廓线，效果如图 4-4 所示。按 Shift+PageDown 组合键，后移图形，效果如图 4-5 所示。

图 4-2　　　　　　　图 4-3　　　　　　　图 4-4　　　　　　　图 4-5

（3）选择"椭圆形"工具，在适当的位置绘制两个椭圆形，如图 4-6 所示。选择"选择"工具，用圈选的方法将两个椭圆形同时选取，单击属性栏中的"移除前面对象"按钮，将两个图形剪切为一个图形，效果如图 4-7 所示。设置图形颜色的 CMYK 值为 0、0、0、100，填充图形，并去除图形的轮廓线，效果如图 4-8 所示。

（4）选择"选择"工具，按数字键盘上的+键复制图形。按住 Shift 键的同时，水平向右拖曳图形到适当的位置，效果如图 4-9 所示。

图 4-6　　　　　　　图 4-7　　　　　　　图 4-8　　　　　　　图 4-9

（5）选择"贝塞尔"工具，在适当的位置绘制一条曲线，如图 4-10 所示。按 F12 键，弹出"轮廓笔"对话框，选项的设置如图 4-11 所示，单击"确定"按钮，效果如图 4-12 所示。

图 4-10　　　　　　　　　　图 4-11　　　　　　　　　　图 4-12

（6）选择"椭圆形"工具，按住 Ctrl 键的同时，绘制一个圆形。设置图形颜色的 CMYK 值为 0、100、100、0，填充图形，并去除图形的轮廓线，效果如图 4-13 所示。

（7）选择"选择"工具，按数字键盘上的+键，复制图形。按住 Shift 键的同时，水平向右拖曳复制图形到适当的位置，效果如图 4-14 所示。

图 4-13　　　　　　　　　　图 4-14

（8）选择"贝塞尔"工具，在适当的位置绘制一个图形，如图 4-15 所示。按 F11 键，弹出"编辑填充"对话框，将"起点"颜色的 CMYK 值设为 0、100、60、0，"终点"颜色的 CMYK 值设为 40、100、0、0，其他选项的设置如图 4-16 所示，单击"确定"按钮，填充图形，并去除图形的轮廓线，效果如图 4-17 所示。按 Shift+PageDown 组合键后移图形，效果如图 4-18 所示。

图 4-15　　　　　　　　　　　　　图 4-16

图 4-17   图 4-18

（9）选择"基本形状"工具 ，单击属性栏中的"完美形状"按钮 ，在弹出的下拉列表中选择需要的形状，如图 4-19 所示。在适当的位置拖曳鼠标绘制图形，如图 4-20 所示。设置图形颜色的 CMYK 值为 76、5、42、0，填充图形，并去除图形的轮廓线，效果如图 4-21 所示。

图 4-19   图 4-20   图 4-21

（10）选择"贝塞尔"工具 ，在适当的位置绘制一个不规则图形。按 F11 键，弹出"编辑填充"对话框，将"起点"颜色的 CMYK 值设为 0、20、40、0，"终点"颜色的 CMYK 值设为 0、20、20、0，其他选项的设置如图 4-22 所示，单击"确定"按钮，填充图形，并去除图形的轮廓线，效果如图 4-23 所示。

图 4-22   图 4-23

（11）选择"选择"工具 ，按数字键盘上的+键，复制图形。按住 Shift 键的同时，拖曳图形右上方的控制手柄，将其等比例缩小，如图 4-24 所示。按 F12 键，弹出"轮廓笔"对话框，在"颜色"选项中设置轮廓线颜色的 CMYK 值为 76、5、42、0，其他选项的设置如图 4-25 所示，单击"确定"按钮，效果如图 4-26 所示。

图 4-24

图 4-25

图 4-26

（12）选择"选择"工具，用圈选的方法选取需要的图形，如图 4-27 所示。按 Ctrl+G 组合键，将其群组。按数字键盘上的+键，复制图形。单击属性栏中的"水平镜像"按钮，水平翻转复制的图形，并将其拖曳到适当的位置，效果如图 4-28 所示。

（13）选择"选择"工具，按住 Shift 键的同时，将翅膀图形同时选取，按 Shift+PageDown 组合键后移图形，效果如图 4-29 所示。

图 4-27

图 4-28

图 4-29

（14）选择"椭圆形"工具，按住 Ctrl 键的同时，绘制一个圆形，如图 4-30 所示。按 F12 键，弹出"轮廓笔"对话框，在"颜色"选项中设置轮廓线颜色的 CMYK 值为 76、5、42、0，其他选项的设置如图 4-31 所示，单击"确定"按钮，效果如图 4-32 所示。小天使绘制完成。

图 4-30

图 4-31

图 4-32

4.1.2　使用轮廓工具

单击"轮廓笔"工具 ，弹出"轮廓"工具的展开工具栏，如图 4-33 所示。

展开工具栏中的"轮廓笔"工具，可以编辑图形对象的轮廓线；"轮廓色"工具可以编辑图形对象的轮廓线颜色；11 个按钮都是设置图形对象的轮廓宽度的，分别是无轮廓、细线轮廓、0.1mm、0.2mm、0.25mm、0.5mm、0.75mm、1mm、1.5mm、2mm 和 2.5mm；"彩色"工具，可以弹出"颜色"泊坞窗，对图形的轮廓线颜色进行编辑。

4.1.3　设置轮廓线的颜色

绘制一个图形对象，并使图形对象处于选取状态，单击"轮廓笔"工具 ，弹出"轮廓笔"对话框，如图 4-34 所示。

在"轮廓笔"对话框中，"颜色"选项可以设置轮廓线的颜色，在 CorelDRAW X7 的默认状态下，轮廓线被设置为黑色。在颜色列表框 右侧的按钮上单击鼠标左键，打开颜色下拉列表，如图 4-35 所示。

在颜色下拉列表中可以选择需要的颜色，也可以单击"更多"按钮，打开"选择颜色"对话框，如图 4-36 所示。在对话框中可以调配自己需要的颜色。

图 4-33

图 4-34

图 4-35

图 4-36

设置好需要的颜色后，单击"确定"按钮，可以改变轮廓线的颜色。

提示　图形对象在选取状态下，直接在调色板中需要的颜色上单击鼠标右键，可以快速填充轮廓线颜色。

4.1.4　设置轮廓线的粗细及样式

在"轮廓笔"对话框中，"宽度"选项可以设置轮廓线的宽度值和宽度的度量单位。在左侧的三角按钮上单击鼠标左键，弹出下拉列表，可以选择宽度数值，如图 4-37 所示，也可以在数值框中直接输入宽度数值。在右侧的三角按钮上单击鼠标左键，弹出下拉列表，可以选择宽度的度量单位，如图 4-38 所示。在"样式"选项右侧的三角按钮上单击鼠标左键，弹出下拉列表，可以选择轮廓线的样式，如图 4-39 所示。

图 4-37

图 4-38

图 4-39

4.1.5　设置轮廓线角的样式及端头样式

在"轮廓笔"对话框中，"角"设置区可以设置轮廓线角的样式，如图 4-40 所示。"角"设置区提供了 3 种拐角的方式，它们分别是斜接角、圆角和平角。

将轮廓线的宽度增加，因为较细的轮廓线在设置拐角后效果不明显。3 种拐角的效果如图 4-41 所示。

角(R):

图 4-40

图 4-41

在"轮廓笔"对话框中，"线条端头"设置区可以设置线条端头的样式，如图 4-42 所示。3 种样式分别是方形端头、圆形端头、延伸方形端头。分别选择 3 种端头样式，效果如图 4-43 所示。

线条端头(I):

图 4-42

图 4-43

在"轮廓笔"对话框中，"箭头"设置区可以设置线条两端的箭头样式，如图 4-44 所示。"箭头"设置区中提供了两个样式框，左侧的样式框 用来设置箭头样式，单击样式框上的三角按钮，弹出"箭头样式"列表，如图 4-45 所示。右侧的样式框 用来设置箭尾样式，单击样式框上的三角按钮，弹出"箭尾样式"列表，如图 4-46 所示。

使用"填充之后"选项会将图形对象的轮廓置于图形对象的填充之后。图形对象的填充会遮挡图形对象的轮廓颜色，只能观察到轮廓的一段宽度的颜色。

图 4-44　　　　　　图 4-45　　　　　　图 4-46

使用"随对象缩放"选项缩放图形对象时，图形对象的轮廓线会根据图形对象的大小而改变，使图形对象的整体效果保持不变。如果不选择此选项，在缩放图形对象时，图形对象的轮廓线不会根据图形对象的大小而改变，轮廓线和填充不能保持原图形对象的效果，图形对象的整体效果就会被破坏。

4.1.6　使用调色板填充颜色

调色板是给图形对象填充颜色的最快途径。通过选取调色板中的颜色，可以把一种新颜色快速填充给图形对象。在 CorelDRAW X7 中提供了多种调色板，选择"窗口 > 调色板"命令，将弹出可供选择的多种颜色调色板。CorelDRAW X7 在默认状态下使用的是 CMYK 调色板。

调色板一般在屏幕的右侧，使用"选择"工具选中屏幕右侧的条形色板，如图 4-47 所示，用鼠标左键拖曳条形色板到屏幕的中间，调色板变为如图 4-48 所示。

使用"选择"工具选中要填充的图形对象，如图 4-49 所示。在调色板中选中的颜色上单击鼠标左键，如图 4-50 所示，图形对象的内部即被选中的颜色填充，如图 4-51 所示。单击调色板中的"无填充"按钮，可取消对图形对象内部的颜色填充。

图 4-47

图 4-48　　　　　图 4-49　　　　　图 4-50　　　　　图 4-51

选取需要的图形，如图 4-52 所示，在调色板中选中的颜色上单击鼠标右键，如图 4-53 所示，图形对象的轮廓线即被选中的颜色填充，设置适当的轮廓宽度，如图 4-54 所示。

图 4-52　　　　　图 4-53　　　　　图 4-54

技巧　选中调色板中的色块，按住鼠标左键不放拖曳色块到图形对象上，松开鼠标左键，也可填充对象。

4.1.7　均匀填充对话框

选择"编辑填充"工具 ，弹出"编辑填充"对话框，单击"均匀填充"按钮 ，或按 F11 键，弹出"编辑填充"对话框，可以在对话框中设置需要的颜色。

在对话框中的 3 种设置颜色的方式分别为模型、混合器和调色板。具体设置如下。

1．模型

模型设置框如图 4-55 所示，在设置框中提供了完整的色谱。通过操作颜色关联控件可更改颜色，也可以通过在颜色模式的各参数值框中设置数值来设定需要的颜色。在设置框中还可以选择不同的颜色模式，模型设置框默认的是 CMYK 模式，如图 4-56 所示。

图 4-55

图 4-56

调配好需要的颜色后，单击"确定"按钮，可以将需要的颜色填充到图形对象中。

技巧　如果有经常需要使用的颜色，调配好需要的颜色后，单击对话框中的"加到调色板"按钮，可以将颜色添加到调色板中。在下一次使用时就不需要再次调配了，直接在调色板中调用即可。

2．混合器

混合器设置框如图 4-57 所示，混合器设置框是通过组合其他颜色的方式来生成新颜色，通过转动色环或从"色度"选项的下拉列表中选择各种形状，可以设置需要的颜色。从"变化"选项的下拉列表中选择各种选项，可以调整颜色的明度。调整"大小"选项下的滑动块可以使选择的颜色更丰富。

图 4-57

可以通过在颜色模式的各参数值框中设置数值来设定需要的颜色。在设置框中还可以选择不同的颜色模式，混合器设置框默认的是 CMYK 模式，如图 4-58 所示。

图 4-58

3．调色板

调色板设置框如图 4-59 所示，调色板设置框是通过 CorelDRAW X7 中已有颜色库中的颜色来填充图形对象，在"调色板"选项的下拉列表中可以选择需要的颜色库，如图 4-60 所示。

在色板中的颜色上单击鼠标左键就可以选中需要的颜色，调整"淡色"选项下的滑动块可以使选择的颜色变淡。调配好需要的颜色后，单击"确定"按钮，可以将需要的颜色填充到图形对象中。

图 4-59

图 4-60

4.1.8 使用"颜色"泊坞窗填充

"颜色"泊坞窗是为图形对象填充颜色的辅助工具,特别适合在实际工作中应用。

单击工具箱下方的"快速自定"按钮⊕,添加"彩色"工具,弹出"颜色泊坞窗",如图 4-61 所示。绘制一个钥匙,如图 4-62 所示。在"颜色"泊坞窗中调配颜色,如图 4-63 所示。

图 4-61   图 4-62   图 4-63

调配好颜色后,单击"填充"按钮,如图 4-64 所示,颜色填充到钥匙的内部,效果如图 4-65 所示。也可在调配好颜色后,单击"轮廓"按钮,如图 4-66 所示,填充颜色到钥匙的轮廓线,效果如图 4-67 所示。

图 4-64   图 4-65   图 4-66   图 4-67

在"颜色泊坞窗"的右上角的 3 个按钮,分别是"显示颜色滑块""显示颜色查看器"和"显示调色板"。分别单击这 3 个按钮可以选择不同的调配颜色的方式,如图 4-68 所示。

图 4-68

4.2 渐变填充和图样填充

渐变填充和图样填充都是非常实用的功能，在设计制作中经常被应用。在 CorelDRAW X7 中，渐变填充提供了线性、椭圆形、圆锥形和矩形 4 种渐变色彩的形式，可以绘制出多种渐变颜色效果。图样填充将预设图案以平铺的方法填充到图形中。下面将介绍使用渐变填充和图样填充的方法和技巧。

4.2.1 课堂案例——绘制卡通电视

【案例学习目标】学习使用几何图形工具和填充工具绘制卡通电视。

【案例知识要点】使用贝塞尔工具、椭圆形工具、渐变填充工具和图样填充工具绘制卡通电视；使用贝塞尔工具和渐变填充工具绘制电视腿。效果如图 4-69 所示。

【效果所在位置】光盘/Ch04/效果/绘制卡通电视.cdr。

（1）按 Ctrl+N 组合键，新建一个页面，宽度为 255mm，高度为 255mm，单击"确定"按钮。

（2）选择"贝塞尔"工具，在页面中绘制一个不规则图形，如图 4-70

图 4-69

所示。按 F11 键，弹出"编辑填充"对话框，将"起点"颜色的 CMYK 值设为 0、80、100、0，"终点"颜色的 CMYK 值设为 0、90、100、0，其他选项的设置如图 4-71 所示，单击"确定"按钮，填充图形，并去除图形的轮廓线，效果如图 4-72 所示。

（3）选择"选择"工具，按数字键盘上的+键，复制图形。按住 Shift 键的同时，拖曳图形右上方的控制手柄，将其等比例缩小，如图 4-73 所示。

图 4-70　　　　　　　　　　　　　　　　　图 4-71

图 4-72　　　　　　　　　　图 4-73

（4）按 F11 键，弹出"编辑填充"对话框，在"节点位置"选项中分别添加并输入 0、16、46、76、100 几个位置点，分别设置几个位置点颜色的 CMYK 值为 0（90、60、0、0）、16（68、24、0、0）、46（57、5、0、0）、76（62、13、0、0）、100（90、60、0、0），其他选项的设置如图 4-74 所示，单击"确定"按钮填充图形，并去除图形的轮廓线，效果如图 4-75 所示。

图 4-74　　　　　　　　　　　　　　图 4-75

（5）选择"贝塞尔"工具 ，在页面中绘制一个不规则图形。按 F11 键，弹出"编辑填充"对话框，将"起点"颜色的 CMYK 值设为 76、10、27、80，"终点"颜色的 CMYK 值设为 60、0、0、0，其他选项的设置如图 4-76 所示，单击"确定"按钮，填充图形，并去除图形的轮廓线，效果如图 4-77 所示。

图 4-76　　　　　　　　　　　　　　图 4-77

（6）选择"选择"工具 ，按数字键盘上的+键复制图形。按住 Shift 键的同时，拖曳图形右上方的控制手柄，将其等比例缩小，如图 4-78 所示。

（7）选择"编辑填充"工具 ，在弹出的"编辑填充"对话框中单击"向量图样填充"按钮 ，单击右侧的按钮 ，在弹出的面板中选择需要的图标，选项的设置如图 4-79 所示，单击"确定"按钮，效果如图 4-80 所示。

图 4-78

（8）按 Ctrl+I 组合键，弹出"导入"对话框，选择光盘中的"Ch04 > 素材 > 绘制卡通电视 > 01"文件，单击"导入"按钮，在页面中单击导入图片，将其拖曳到适当的位置，效果如图 4-81 所示。

图 4-79

图 4-80   图 4-81

（9）选择"椭圆形"工具，绘制一个椭圆形，如图 4-82 所示。按 F11 键，弹出"编辑填充"对话框，将"起点"颜色的 CMYK 值设为 49、89、100、26，"终点"颜色的 CMYK 值设为 0、80、100、0，其他选项的设置如图 4-83 所示，单击"确定"按钮，填充图形，并去除图形的轮廓线，效果如图 4-84 所示。按 Shift+PageDown 组合键后移图形，效果如图 4-85 所示。

图 4-82   图 4-83

图 4-84   图 4-85

（10）按 Ctrl+I 组合键，弹出"导入"对话框，选择光盘中的"Ch04 > 素材 > 绘制卡通电视 > 02"文件，单击"导入"按钮，在页面中单击导入图片，将其拖曳到适当的位置，效果如图 4-86 所示。按 Shift+PageDown 组合键后移图形，效果如图 4-87 所示。

图 4-86　　　　　　　　　　图 4-87

（11）选择"贝塞尔"工具，在页面中绘制一个不规则图形。按 F11 键，弹出"编辑填充"对话框，将"起点"颜色的 CMYK 值设置为 49、89、100、26，"终点"颜色的 CMYK 值设置为 0、80、100、0，其他选项的设置如图 4-88 所示。单击"确定"按钮，填充图形，并去除图形的轮廓线，效果如图 4-89 所示。

图 4-88　　　　　　　　　　　　　　　图 4-89

（12）选择"选择"工具，按数字键盘上的+键，复制一个图形，按住 Shift 键的同时，等比例缩放图形，并拖曳到适当的位置，效果如图 4-90 所示。

（13）选择"选择"工具，用圈选方式将需要的图形同时选取。按数字键盘上的+键，复制图形。单击属性栏中的"水平镜像"按钮，水平翻转复制的图形，并拖曳到适当的位置，效果如图 4-91 所示。用圈选的方法将图形和复制图形同时选取，按 Shift+PageDown 组合键后移图形，效果如图 4-92 所示。

图 4-90　　　　　　　　图 4-91　　　　　　　　图 4-92

（14）选择"椭圆形"工具 ，在页面中绘制一个椭圆形，设置图形颜色的 CMYK 值为 0、0、0、63，填充图形，并去除图形的轮廓线，效果如图 4-93 所示。选择"位图 > 转换为位图"命令，在弹出的"转换为位图"对话框中进行设置，如图 4-94 所示，单击"确定"按钮，图形被转换为位图。

图 4-93

图 4-94

（15）选择"位图 > 模糊 > 高斯式模糊"命令，在弹出的对话框中进行设置，如图 4-95 所示，单击"确定"按钮，效果如图 4-96 所示。按 Shift+PageDown 组合键后移图形，效果如图 4-97 所示。

图 4-95

图 4-96

图 4-97

4.2.2　使用属性栏进行填充

绘制一个图形，效果如图 4-98 所示。选择"交互式填充"工具 ，在属性栏中单击"渐变填充"按钮 ，属性栏如图 4-99 所示，效果如图 4-100 所示。

图 4-98　　　　　　　　　　图 4-99　　　　　　　　　　图 4-100

单击属性栏其他选项按钮 □ □ □ □，可以选择渐变的类型，椭圆形、圆锥形和矩形的效果如图 4-101 所示。

"椭圆形渐变填充" □　　　　　"圆锥形渐变填充" □　　　　　"矩形渐变填充" □

图 4-101

属性栏中的"节点颜色" ■■ 用于指定选择渐变节点的颜色，"节点透明度" 0% 文本框用于设置指定选定渐变节点的透明度，"加速" 0 文本框用于设置渐变从一个颜色到另外一个颜色的速度。

4.2.3　使用工具进行填充

绘制一个图形，如图 4-102 所示。选择"交互式填充"工具 ，在起点颜色的位置单击并按住鼠标左键拖曳光标到适当的位置，松开鼠标左键，图形被填充了预设的颜色，效果如图 4-103 所示。在拖曳的过程中可以控制渐变的角度、渐变的边缘宽度等渐变属性。

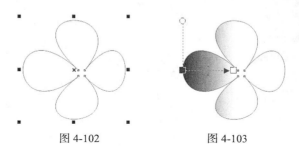

图 4-102　　　　　图 4-103

拖曳起点颜色和终点颜色可以改变渐变的角度和边缘宽度。拖曳中间点可以调整渐变颜色的分布。拖曳渐变虚线，可以控制颜色渐变与图形之间的相对位置。拖曳渐变上方的圆圈图标可以调整渐变倾斜角度。

4.2.4　使用"渐变填充"对话框填充

选择"编辑填充"工具 ，在弹出的"编辑填充"对话框中单击"渐变填充"按钮 。在对话框中的"镜像、重复和反转"设置区中可选择渐变填充的 3 种类型，"默认渐变填充""重复和镜像"和"重复"渐变填充。

1．默认渐变填充

"默认渐变填充"按钮 的对话框如图 4-104 所示。

在对话框中设置好渐变颜色后，单击"确定"按钮，完成图形的渐变填充。

图 4-104

在"预览色带"上的起点和终点颜色之间双击鼠标左键，将在预览色带上产生一个倒三角形色标，也就是新增了一个渐变颜色标记，如图 4-105 所示。"节点位置" 30% 选项中显示的百分数就是当前新增渐变颜色标记的位置。单击"节点颜色" 选项右侧的按钮，在弹出其下拉选项中设置需要的渐变颜色，"预览"色带上新增渐变颜色标记上的颜色将改变为需要的新颜色。"节点颜色" 选项中显示的颜色就是当前新增渐变颜色标记的颜色。

图 4-105

2. 重复和镜像渐变填充

单击选择"重复和镜像"按钮，如图 4-106 所示。再单击调色板中的颜色，可改变自定义渐变填充终点的颜色。

图 4-106

3．重复渐变填充

单击选择"重复"单选项，如图 4-107 所示。

图 4-107

4.2.5　渐变填充的样式

绘制一个图形，效果如图 4-108 所示。在"渐变填充"对话框中的"填充挑选器"选项中包含了 CorelDRAW X7 预设的一些渐变效果，如图 4-109 所示。

图 4-108　　　　　　　　　　图 4-109

选择好一个预设的渐变效果，单击"确定"按钮，可以完成渐变填充。使用预设的渐变效果填充的各种渐变效果如图 4-110 所示。

图 4-110

4.2.6 图样填充

向量图样填充是由矢量和线描式图像来生成。选择"编辑填充"工具 ⬚，在弹出的"编辑填充"对话框中单击"向量图样填充"按钮 ⬚，如图 4-111 所示。

图 4-111

位图图样填充是使用位图图片进行填充。选择"编辑填充"工具 ⬚，在弹出的"编辑填充"对话框中单击"位图图样填充"按钮 ⬚，如图 4-112 所示。

图 4-112

双色图样填充是用两种颜色构成的图案来填充，也就是通过设置前景色和背景色的颜色来填充。选择"编辑填充"工具 ⬚，在弹出的"编辑填充"对话框中单击"双色图样填充"按钮 ⬚，如图 4-113 所示。

图 4-113

4.3　其他填充

除均匀填充、渐变填充和图样填充外，常用的填充还包括底纹填充、网状填充等，这些填充可以使图形更加自然、多变。下面具体介绍这些填充方法和技巧。

4.3.1　课堂案例——绘制底纹

【案例学习目标】学习使用基本形状工具和图样填充工具绘制并填充底纹。

【案例知识要点】使用矩形工具和标题形状工具绘制背景效果；使用图样填充对话框工具制作图案填充效果。底纹效果如图 4-114 所示。

【效果所在位置】光盘/Ch04/效果/绘制底纹.cdr。

（1）按 Ctrl+N 组合键，新建一个 A4 页面，单击属性栏中的"横向"按钮 □，页面显示为横向页面。

（2）选择"矩形"工具 □，绘制一个矩形，如图 4-115 所示。选择"编辑填充"工具 ，弹出"编辑填充"对话框，单击"向量图样填充"按钮 ，单击右侧的按钮 ，在弹出的面板中选择需要的图样，如图 4-116 所示，单击"确定"按钮，并去除图形的轮廓线，效果如图 4-117 所示。

（3）选择"标题形状"工具 ，单击属性栏中的"完美形状"按钮 ，在弹出的下拉列表中选择需要的形状，如图 4-118 所示。在适当的位置拖曳鼠标绘制图形，如图 4-119 所示。

图 4-115

图 4-116

图 4-117

图 4-118

图 4-119

（4）选择"编辑填充"工具 🖉，弹出"编辑填充"对话框，单击"向量图样填充"按钮 🏢，单击右侧的按钮 🔻，在弹出的面板中选择需要的图样，如图 4-120 所示，单击"确定"按钮，并去除图形的轮廓线，效果如图 4-121 所示。

图 4-120　　　　　　　　　　　　　　　　　　　图 4-121

（5）选择"对象 > 图框精确剪裁 > 置于图文框内部"命令，鼠标指针变为黑色箭头，在矩形图形上单击，将不规则图形置入背景中，效果如图 4-122 所示。

（6）选择"矩形"工具 □，绘制一个矩形，如图 4-123 所示。选择"编辑填充"工具 🖉，弹出"编辑填充"对话框，单击"向量图样填充"按钮 🏢，单击右侧的按钮 🔻，在弹出的面板中选择需要的图样，其他选项的设置如图 4-124 所示，单击"确定"按钮，效果如图 4-125 所示。

图 4-122　　　　　　　　　　　　图 4-123

图 4-124　　　　　　　　　　　　　　　　　　图 4-125

（7）按 F12 键，弹出"轮廓笔"对话框，选项的设置如图 4-126 所示，单击"确定"按钮，效果如图 4-127 所示。

（8）按 Ctrl+I 组合键，弹出"导入"对话框，选择光盘中的"Ch04 > 素材 > 绘制底纹 > 01"文件，单击"导入"按钮，在页面中单击导入图片，将其拖曳到适当的位置，效果如图 4-128 所示。底纹制作完成。

| 图 4-126 | 图 4-127 | 图 4-128 |

4.3.2　底纹填充

选择"编辑填充"工具 ，弹出"编辑填充"对话框，单击"底纹填充"按钮 。在对话框中，CorelDRAW X7 的底纹库提供了多个样本组和几百种预设的底纹填充图案，如图 4-129 所示。

图 4-129

在对话框中的"底纹库"选项的下拉列表中可以选择不同的样本组。CorelDRAW X7 底纹库提供了 7 个样本组。选择样本组后，在上面的"预览"框中显示出底纹的效果，单击"预览"框右侧的按钮 ，在弹出的面板中可以选择需要的底纹图案。

绘制一个图形，在"底纹库"中选择需要的样本后，单击"预览"框右侧的按钮 ，在弹出的面板中选择需要的底纹效果，单击"确定"按钮，可以将底纹填充到图形对象中。几个填充不同底纹的图形效果如图 4-130 所示。

选择"交互式填充"工具 ，在属性栏中选择"底纹填充"选项，单击"填充挑选器" 选项右侧的按钮 ，在弹出的下拉列表中可以选择底纹填充的样式。

图 4-130

4.3.3 "交互式网格填充"工具填充

绘制一个要进行网状填充的图形，如图 4-131 所示。选择"交互式填充"工具，展开式工具栏中的"网状填充"工具，在属性栏中将横竖网格的数值均设置为 3，按 Enter 键，图形的网状填充效果如图 4-132 所示。

单击选中网格中需要填充的节点，如图 4-133 所示。在调色板中需要的颜色上单击鼠标左键，可以为选中的节点填充颜色，效果如图 4-134 所示。

图 4-131　　　　图 4-132　　　　图 4-133　　　　图 4-134

再依次选中需要的节点并进行颜色填充，如图 4-135 所示。选中节点后，拖曳节点的控制点可以扭曲颜色填充的方向，如图 4-136 所示。交互式网格填充效果如图 4-137 所示。

图 4-135　　　　图 4-136　　　　图 4-137

4.3.4 PostScript 填充

PostScript 填充是利用 PostScript 语言设计出来的一种特殊的图案填充。PostScript 图案是一种特殊的图案。只有在"增强"视图模式下，PostScript 填充的底纹才能显示出来。下面介绍 PostScript 填充的方法和技巧。

选择"编辑填充"工具 ，弹出"编辑填充"对话框，单击"PostScript 填充"按钮 ，切换到相应的对话框，如图 4-138 所示，CorelDRAW X7 提供了多个 PostScript 底纹图案。

图 4-138

在对话框中，单击"预览填充"复选框，不需要打印就可以看到 PostScript 底纹的效果。在左上方的列表框中提供了多个 PostScript 底纹，选择一个 PostScript 底纹，在下面的"参数"设置区中会出现所选 PostScript 底纹的参数。不同的 PostScript 底纹会有相对应的不同参数。

在"参数"设置区的各个选项中输入需要的数值，可以改变选择的 PostScript 底纹，产生新的 PostScript 底纹效果，如图 4-139 所示。

选择"交互式填充"工具 ，在属性栏中选择"PostScript 填充"选项，单击"PostScript 填充底纹" DNA 选项可以在弹出的下拉面板中选择多种 PostScript 底纹填充的样式对图形对象进行填充，如图 4-140 所示。

图 4-139   图 4-140

提示 CorelDRAW X7 在屏幕上显示 PostScript 填充时用字母"PS"表示。PostScript 填充使用的限制非常多，由于 PostScript 填充图案非常复杂，所以在打印和更新屏幕显示时会使处理时间增长。PostScript 填充非常占用系统资源，使用时一定要慎重。

课堂练习——绘制时尚插画

【练习知识要点】使用底纹填充工具制作背景效果；使用贝塞尔工具和渐变填充工具绘制装饰图形；使用文本工具添加文字。时尚插画的效果如图 4-141 所示。

【素材所在位置】光盘/Ch04/素材/绘制时尚插画/01。

【效果所在位置】光盘/Ch04/效果/绘制时尚插画.cdr。

图 4-141

课后习题——绘制风景插画

【习题知识要点】使用矩形工具、贝塞尔工具和渐变填充工具绘制背景效果；使用贝塞尔工具、椭圆形工具和底纹填充工具绘制装饰图形；使用椭圆形工具、贝塞尔工具和合并命令绘制树木图形。风景插画的效果如图 4-142 所示。

【效果所在位置】光盘/Ch04/效果/绘制风景插画.cdr。

图 4-142

第5章
排列和组合对象

CorelDRAW X7 提供了多个命令和工具来排列和组合图形对象。本章将主要介绍排列和组合对象的功能以及相关的技巧。通过学习本章的内容，读者可以自如地排列和组合绘图中的图形对象，轻松完成制作任务。

课堂学习目标

- 熟练掌握对齐和分布图形的方法
- 掌握群组和结合的技巧

5.1 对齐和分布

在 CorelDRAW X7 中，提供了对齐和分布功能来设置对象的对齐和分布方式。下面介绍对齐和分布的使用方法和技巧。

5.1.1 课堂案例——制作室内平面图

【案例学习目标】学习使用对齐和分布命令制作室内平面图。

【案例知识要点】使用对齐和分布命令对齐图形。室内平面图效果如图 5-1 所示。

【效果所在位置】光盘/Ch05/效果/制作室内平面图.cdr。

（1）按 Ctrl+N 组合键，新建一个页面，在属性栏"页面度量"选项中分别设置宽度为 210mm，高度为 210mm，按 Enter 键，页面尺寸显示为设置的大小。

（2）选择"文件 > 打开"命令，弹出"打开绘图"对话框。选择光盘中的"Ch05 > 素材 > 制作室内平面图 > 01"文件，单击"打开"按钮，将图形粘贴到页面中，并拖曳到适当的位置，效果如图 5-2 所示。

图 5-1

（3）选择"文件 > 导入"命令，弹出"导入"对话框。选择光盘中的"Ch05 > 素材 > 制作室内平面图 > 02"文件，单击"导入"按钮，在页面中单击导入沙发图形，将其拖曳到适当的位置，效果如图 5-3 所示。

（4）选择"选择"工具，按两次数字键盘上的+键，复制两个图形，并分别将其拖曳到适当的位置，如图 5-4 所示。

图 5-2

图 5-3

图 5-4

（5）选择"选择"工具，用圈选的方法将图形同时选取，选择"对象 > 对齐和分布 > 对齐与分布"命令，弹出"对齐与分布"泊坞窗，单击"顶端对齐"按钮，选项的设置如图 5-5 所示，效果如图 5-6 所示。单击"水平分散排列中心"按钮，设置如图 5-7 所示。效果如图 5-8 所示。

（6）选择"选择"工具，单击选取沙发图形，按数字键盘上的+键复制一个图形，并将其拖曳到适当的位置。在属性栏中将"旋转角度" 选项设为 90，按 Enter 键，效果如图 5-9 所示。按住 Shift 键，单击鼠标的同时选取另一个图形，如图 5-10 所示。

图 5-5　　　　　　　　　　图 5-6　　　　　　　　　　图 5-7

图 5-8　　　　　　　　　　图 5-9　　　　　　　　　　图 5-10

（7）单击属性栏中的"对齐与分布"按钮，弹出"对齐与分布"泊坞窗，设置如图 5-11 所示。效果如图 5-12 所示。室内平面图制作完成，效果如图 5-13 所示。

图 5-11　　　　　　　　　　图 5-12　　　　　　　　　　图 5-13

5.1.2　多个对象的对齐和分布

1．多个对象的对齐

使用"选择"工具选中多个要对齐的对象，选择"对象 > 对齐和分布 > 对齐与分布"命令，或按 Ctrl+Shift+A 组合键，或单击属性栏中的"对齐与分布"按钮，弹出如图 5-14 所示的"对齐与分布"泊坞窗。

在"对齐与分布"泊坞窗中的"对齐"选项组中，可以选择两组对齐方式，如左对齐、水平居中对齐、右对齐或者顶端对齐、垂直居中对齐、底端对齐。两组对齐方式可以单独使用，也可以配合使用，如对齐右底端、左顶端等设置就需要配合使用。

"对齐对象到"选项组中的按钮只有在单击了"对齐"或"分布"选项组中的按钮时，才可以使用。其中的"页面边缘"按钮或"页面中心"按钮，用于设置图形对象以页面的什么位置为基准对齐。

选择"选择"工具，按住 Shift 键，单击几个要对齐的图形对象将它们全选，如图 5-15 所示，注意要将图形目标对象最后选中，因为其他图形对象将以图形目标对象为基准对齐，本例中以右下角的图形为图形目标对象，所以最后选中它。

图 5-14   图 5-15

选择"对象 > 对齐和分布 > 对齐与分布"命令，弹出"对齐与分布"泊坞窗，在泊坞窗中单击"右对齐"按钮 ，如图 5-16 所示，几个图形对象以最后选取的图形的右边缘为基准进行对齐，效果如图 5-17 所示。

图 5-16   图 5-17

在"对齐与分布"泊坞窗中，单击"垂直居中对齐"按钮 ，再单击"对齐对象到"选项组中的"页面中心"按钮 ，如图 5-18 所示，几个图形对象以页面中心为基准进行垂直居中对齐，效果如图 5-19 所示。

图 5-18   图 5-19

提示   在"对齐与分布"泊坞窗中，还可以进行多种图形对齐方式的设置，只要多练习就可以很快掌握。

2．多个对象的分布

使用"选择"工具 选择多个要分布的图形对象，如图 5-20 所示。再选择"对象 > 对齐和分布 > 对齐与分布"命令，弹出"对齐与分布"泊坞窗，在"分布"选项组中显示分布排列的按钮，如图 5-21 所示。

图 5-20　　　　　　　　　　　　　　　　图 5-21

在"分布"对话框中有两种分布形式，分别是沿垂直方向分布和沿水平方向分布。可以选择不同的基准点来分布对象。

在"将对象分布到"选项组中，分别单击"选定的范围"按钮 和"页面范围"按钮 ，如图 5-22 所示进行设定，几个图形对象的分布效果如图 5-23 所示。

图 5-22　　　　　　　　　　　　　　　　图 5-23

5.1.3　网格和辅助线的设置和使用

1．设置网格

选择"视图 > 网格 > 文档网格"命令，在页面中生成网格，效果如图 5-24 所示。如果想消除网格，只要再次选择"视图 > 网格 > 文档网格"命令即可。

在绘图页面中单击鼠标右键，弹出其快捷菜单，在菜单中选择"视图 > 文档网格"命令，如图 5-25 所示，也可以在页面中生成网格。

在绘图页面的标尺上单击鼠标右键，弹出快捷菜单，在菜单中选择"栅格设置"命令，如图 5-26 所示，弹出"选项"对话框，如图 5-27 所示。在"文档网格"选项组中可以设置网格的密度和网格点的间距。"基线网格"选项组中可以设置从顶部开始的距离和基线间的间距。若要查看像素网格设置的效果，必须切换到"像素"视图。

图 5-24

图 5-25

图 5-26

图 5-27

2. 设置辅助线

将鼠标的光标移动到水平或垂直标尺上，按住鼠标左键不放，并向下或向右拖曳光标，可以绘制一条辅助线，在适当的位置松开鼠标左键，辅助线效果如图 5-28 所示。

要想移动辅助线必须先选中辅助线，将鼠标的光标放在辅助线上并单击鼠标左键，辅助线被选中并呈红色，用光标拖曳辅助线到适当的位置即可，如图 5-29 所示。在拖曳的过程中单击鼠标右键可以在当前位置复制出一条辅助线。选中辅助线后，按 Delete 键，可以将辅助线删除。

辅助线被选中变成红色后，再次单击辅助线，将出现辅助线的旋转模式，如图 5-30 所示。可以通过拖曳两端的旋转控制点来旋转辅助线。

图 5-28

图 5-29

图 5-30

提示 选择"窗口 > 泊坞窗 > 辅助线"命令，或使用鼠标右键单击标尺，弹出快捷菜单，在其中选择"辅助线设置"命令，弹出"辅助线"泊坞窗，也可设置辅助线。

在辅助线上单击鼠标右键，在弹出的快捷菜单中选择"锁定对象"命令，可以将辅助线锁定，用相同的方法在弹出的快捷菜单中选择"解锁对象"命令，可以将辅助线解锁。

3．对齐网格、辅助线和对象

选择"视图 > 贴齐 > 文档网格"命令，或单击"贴齐"按钮，在弹出的下拉列表中选择"文档网格"选项，如图 5-31 所示，或按 Ctrl+Y 组合键。再选择"视图 > 网格 > 文档网格"命令，在绘图页面中设置好网格，在移动图形对象的过程中，图形对象会自动对齐到网格、辅助线或其他图形对象上，如图 5-32 所示。

在"对齐与分布"泊坞窗中选取需要的对齐或分布方式，选择"对齐对象到"选项组中的"网格"按钮 ▦，如图 5-33 所示。图形对象的中心点会对齐到最近的网格点，在移动图形对象时，图形对象会对齐到最近的网格点。

图 5-31　　　　　　图 5-32　　　　　　图 5-33

选择"视图 > 贴齐 > 辅助线"命令，或单击"贴齐"按钮在弹出的下拉列表中选择"辅助线"选项，可使图形对象自动对齐辅助线。

选择"视图 > 贴齐 > 对象"命令，或单击"贴齐"按钮在弹出的下拉列表中选择"对象"选项，或按 Alt+Z 组合键，使两个对象的中心对齐重合。

> **技巧**　在曲线图形对象之间，用"选择"工具 ⍳ 或"形状"工具 ↖ 选择并移动图形对象上的节点时，"对齐对象"选项的功能可以方便准确地进行节点间的捕捉对齐。

5.1.4　标尺的设置和使用

标尺可以帮助用户了解图形对象的当前位置，以便设计作品时确定作品的精确尺寸。下面介绍标尺的设置和使用方法。

选择"视图 > 标尺"命令，可以显示或隐藏标尺。显示标尺的效果如图 5-34 所示。

将鼠标的光标放在标尺左上角的 ⛶ 图标上，单击按住鼠标左键不放并拖曳光标，出现十字虚线的标尺定位线，如图 5-35 所示。在需要的位置松开鼠标左键，可以设定新的标尺坐标原点。双击 ⛶ 图标，可以将标尺还原到原始的位置。

按住 Shift 键，将鼠标的光标放在标尺左上角的 ⛶ 图标上，单击按住鼠标左键不放并拖曳光标，可以将标尺移动到新位置，如图 5-36 所示。使用相同的方法将标尺拖放回左上角可以还原标尺的位置。

图 5-34　　　　　　　　　图 5-35　　　　　　　　　图 5-36

5.1.5　标注线的绘制

在工具箱中共有 5 种标注工具，它们从上到下依次是"平行度量"工具、"水平或垂直度量"工具、"角度量"工具、"线段度量"工具和"3 点标注"工具。选择"平行度量"工具，弹出其属性栏，如图 5-37 所示。

图 5-37

打开一个图形对象，如图 5-38 所示。选择"平行度量"工具，将鼠标的光标移动到图形对象的右侧顶部单击并向下拖曳光标，将光标移动到图形对象的底部后再次单击鼠标左键，再将鼠标指针拖曳到线段的中间，如图 5-39 所示。再次单击完成标注，效果如图 5-40 所示。使用相同的方法，可以用其他标注工具为图形对象进行标注，标注完成后的图形效果如图 5-41 所示。

图 5-38　　　　　　　图 5-39　　　　　　　图 5-40　　　　　　　图 5-41

5.1.6　对象的排序

在 CorelDRAW X7 中，绘制的图形对象都存在着重叠的关系，如果在绘图页面中的同一位置先后绘制两个不同背景的图形对象，后绘制的图形对象将位于先绘制图形对象的上方。

使用 CorelDRAW X7 的排序功能可以安排多个图形对象的前后顺序，也可以使用图层来管理图形对象。

在绘图页面中先后绘制几个不同的图形对象，效果如图 5-42 所示。使用"选择"工具选择要进行排序的图形对象，如图 5-43 所示。

选择"对象 > 顺序"子菜单下的各个命令，如图 5-44 所示，可将已选择的图形对象排序。

图 5-42　　　　　　　图 5-43　　　　　　　　　　　　　　　　　图 5-44

选择"到图层前面"命令，可以将背景图形从当前层移动到绘图页面中其他图形对象的最前面，效果如图 5-45 所示。按 Shift+PageUp 组合键，也可以完成这个操作。

选择"到图层后面"命令，可以将背景图形从当前层移动到绘图页面中其他图形对象的最后面，如图 5-46 所示。按 Shift+PageDown 组合键，也可以完成这个操作。

选择"向前一层"命令，可以将选定的背景图形从当前位置向前移动一个图层，如图 5-47 所示。按 Ctrl+PageUp 组合键，也可以完成这个操作。

当图形位于图层最前面的位置时，选择"向后一层"命令，可以将选定的图形（背景）从当前位置向后移动一个图层，如图 5-48 所示。按 Ctrl+PageDown 组合键，也可以完成这个操作。

图 5-45　　　　　　　图 5-46　　　　　　　　图 5-47　　　　　　　图 5-48

选择"置于此对象前"命令，可以将选择的图形放置到指定图形对象的前面，选择"置于此对象前"命令后，鼠标的光标变为黑色箭头，使用黑色箭头单击指定图形对象，如图 5-49 所示，图形被放置到指定图形对象的前面，效果如图 5-50 所示。

选择"置于此对象后"命令，可以将选择的图形放置到指定图形对象的后面，选择"置于此对象后"命令后，鼠标的光标变为黑色箭头，使用黑色箭头单击指定的图形对象，如图 5-51 所示，图形被放置到指定的背景图形对象的后面，效果如图 5-52 所示。

| 图 5-49 | 图 5-50 | 图 5-51 | 图 5-52 |

5.2 群组和结合

在 CorelDRAW X7 中，提供了群组和结合功能，群组可以将多个不同的图形对象组合在一起，方便整体操作。结合可以将多个图形对象合并在一起，创建出一个新的对象。下面介绍群组和结合的方法和技巧。

5.2.1 课堂案例——绘制图标

【案例学习目标】学习使用几何图形工具、群组命令和整形对象绘制图标。

【案例知识要点】使用椭圆形工具绘制背景效果；使用矩形工具、椭圆形工具和移除前面对象命令绘制图标图形；使用文本工具添加文字，效果如图 5-53 所示。

【效果所在位置】光盘/Ch05/效果/绘制图标.cdr。

（1）按 Ctrl+N 组合键，新建一个 A4 页面。选择"椭圆形"工具 ，按住 Ctrl 键的同时，绘制一个圆形。设置图形颜色的 CMYK 值为 0、100、100、10，填充图形，并去除图形的轮廓线，效果如图 5-54 所示。

图 5-53

（2）选择"选择"工具 ，在数字键盘上按+键，复制图形，按住 Shift 键的同时，向内拖曳鼠标，将复制图形等比例缩放，如图 5-55 所示。在"CMYK 调色板"中的"无填充"按钮 上单击鼠标，去除图形的填充颜色。

| 图 5-54 | 图 5-55 |

（3）按 F12 键，弹出"轮廓笔"对话框，在"颜色"选项中设置轮廓线颜色的 CMYK 值为 0、0、100、0，其他选项的设置如图 5-56 所示，单击"确定"按钮，效果如图 5-57 所示。

图 5-56   图 5-57

（4）选择"矩形"工具 □，在适当的位置绘制一个矩形，在属性栏中进行设置，如图 5-58 所示，按 Enter 键，效果如图 5-59 所示。设置图形颜色的 CMYK 值为 0、0、100、0，填充图形，并去除图形的轮廓线，效果如图 5-60 所示。

图 5-58   图 5-59   图 5-60

（5）选择"矩形"工具 □，在适当的位置绘制一个矩形，在属性栏中进行设置，如图 5-61 所示，按 Enter 键，效果如图 5-62 所示。

图 5-61   图 5-62

（6）选择"椭圆形"工具 ○，按住 Ctrl 键的同时，绘制一个圆形，如图 5-63 所示。选择"选择"工具 ▷，用圈选的方法将两个图形同时选取，单击属性栏中的"合并"按钮 ▣，将两个图形合并为一个图形。设置图形颜色的 CMYK 值为 0、0、100、0，填充图形，并去除图形的轮廓线，效果如图 5-64 所示。

（7）选择"矩形"工具 □，在适当的位置绘制一个矩形，在属性栏中进行设置，如图 5-65 所示，按 Enter 键，效果如图 5-66 所示。

图 5-63　　　　　图 5-64　　　　　　　　图 5-65　　　　　　　　　图 5-66

（8）选择"3 点矩形"工具 ，在适当的位置绘制一个矩形，在属性栏中进行设置，如图 5-67 所示，按 Enter 键，效果如图 5-68 所示。

图 5-67　　　　　　　　　　　　图 5-68

（9）选择"选择"工具 ，用圈选的方法将两个图形同时选取，单击属性栏中的"合并"按钮 ，将两个图形合并为一个图形，如图 5-69 所示。设置图形颜色的 CMYK 值为 0、0、100、0，填充图形，并去除图形的轮廓线，效果如图 5-70 所示。

图 5-69　　　　　　　　　图 5-70

（10）选择"矩形"工具 ，在适当的位置绘制一个矩形，在属性栏中进行设置，如图 5-71 所示，按 Enter 键。设置图形颜色的 CMYK 值为 0、0、100、0，填充图形，并去除图形的轮廓线，效果如图 5-72 所示。

图 5-71　　　　　　　　　图 5-72

（11）选择"矩形"工具 ，在适当的位置绘制一个矩形，在属性栏中进行设置，如图 5-73 所示，按 Enter 键，效果如图 5-74 所示。

（12）选择"选择"工具 ，单击属性栏中的"转换为曲线"按钮 ，将图形转换为曲线。选择"形状"工具 ，用圈选的方法将图形左上角的两个节点同时选取，垂直向下拖曳到适当的位置，如图 5-75 所示。用相同的方法调整其他节点，效果如图 5-76 所示。

图 5-73

图 5-74

图 5-75

图 5-76

（13）设置图形颜色的 CMYK 值为 0、0、100、0，填充图形，并去除图形的轮廓线，效果如图 5-77 所示。选择"选择"工具 ，用圈选的方法将灭火器图形同时选取，如图 5-78 所示。按 Ctrl+G 组合键，将其群组。选择"贝塞尔"工具 ，分别绘制两个不规则图形，如图 5-79 所示。

图 5-77

图 5-78

图 5-79

（14）选择"选择"工具 ，用圈选的方法将两个图形同时选取，单击属性栏中的"移除前面对象"按钮 ，对图形进行剪切，效果如图 5-80 所示。设置图形颜色的 CMYK 值为 0、0、100、0，填充图形，并去除图形的轮廓线，效果如图 5-81 所示。

（15）选择"文本"工具 ，在页面中输入需要的文字。选择"选择"工具 ，在属性栏中选择合适的字体并设置文字大小，设置文字填充颜色的 CMYK 值为 0、0、100、0，填充文字，效果如图 5-82 所示。图标绘制完成。

图 5-80

图 5-81

图 5-82

5.2.2 组合对象

绘制几个图形对象，使用"选择"工具 ，选中要进行群组的图形对象，如图 5-83 所示。选择"排列 > 群组"命令，或按 Ctrl+G 组合键，或单击属性栏中的"组合对象"按钮 ，都可以将多个图形对象群组，效果如图 5-84 所示。按住 Ctrl 键，选择"选择"工具 ，单击需要选取的子对象，松开 Ctrl 键，子对象被选取，效果如图 5-85 所示。

群组后的图形对象变成一个整体，移动一个对象，其他的对象将会随着移动，填充一个对象，其他的对象也将随着被填充。

选择"对象 > 组合 > 取消组合对象"命令，或按 Ctrl+U 组合键，或单击属性栏中的"取消组合对象"按钮 ，可以取消对象的群组状态。选择"对象 > 组合 > 取消组合所有对象"命令，或单击属性栏中的"取消组合所有对象"按钮 ，可以取消所有对象的群组状态。

图 5-83　　　　　　　图 5-84　　　　　　　图 5-85

提示　在群组中，子对象可以是单个的对象，也可以是多个对象组成的群组，称之为群组的嵌套。使用群组的嵌套可以管理多个对象之间的关系。

5.2.3 结合

绘制几个图形对象，如图 5-86 所示。使用"选择"工具 ，选中要进行结合的图形对象，如图 5-87 所示。

图 5-86　　　　　　　图 5-87

选择"对象 > 合并"命令，或按 Ctrl+L 组合键，可以将多个图形对象合并，效果如图 5-88 所示。

使用"形状"工具 🔧，选中结合后的图形对象，可以对图形对象的节点进行调整，如图 5-89 所示，改变图形对象的形状，效果如图 5-90 所示。

图 5-88

图 5-89

图 5-90

选择"对象 > 拆分曲线"命令，或按 Ctrl+K 组合键，可以取消图形对象的合并状态，原来合并的图形对象将变为多个单独的图形对象。

> **提示**　如果对象合并前有颜色填充，那么结合后的对象将显示最后选取对象的颜色。如果使用圈选的方法选取对象，将显示圈选框最下方对象的颜色。

课堂练习——制作摄影师的秘密书籍封面

【练习知识要点】使用对齐和分布命令制作书籍封面背景效果；使用矩形工具绘制装饰图形；使用文本工具添加文字；使用插入条码命令制作条形码，效果如图 5-91 所示。

【素材所在位置】光盘/Ch05/素材/制作摄影师的秘密书籍封面/01~34。

【效果所在位置】光盘/Ch05/效果/制作摄影师的秘密书籍封面.cdr。

图 5-91

课后习题——制作散文诗书籍封面

【习题知识要点】使用矩形工具绘制背景效果；使用导入命令导入黑白照片；使用文本工具添加文字效果；使用对齐命令编辑文字，效果如图 5-92 所示。

【素材所在位置】光盘/Ch05/素材/制作散文诗书籍封面/01、02。

【效果所在位置】光盘/Ch05/效果/制作散文诗书籍封面.cdr。

图 5-92

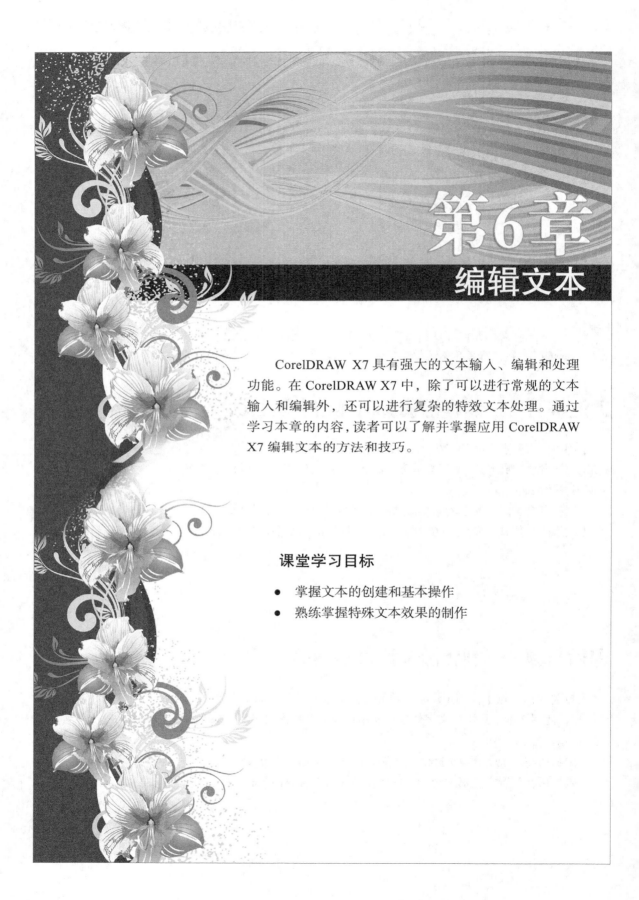

第6章
编辑文本

CorelDRAW X7 具有强大的文本输入、编辑和处理功能。在 CorelDRAW X7 中，除了可以进行常规的文本输入和编辑外，还可以进行复杂的特效文本处理。通过学习本章的内容，读者可以了解并掌握应用 CorelDRAW X7 编辑文本的方法和技巧。

课堂学习目标

- 掌握文本的创建和基本操作
- 熟练掌握特殊文本效果的制作

6.1　文本的基本操作

在 CorelDRAW 中，文本是具有特殊属性的图形对象。下面介绍在 CorelDRAW X7 中处理文本的一些基本操作。

6.1.1　课堂案例——制作商场海报

【案例学习目标】学习使用文本工具制作商场海报。

【案例知识要点】使用文本工具添加文字；使用渐变填充工具、轮廓笔命令和阴影工具制作标题文字效果；使用矩形工具绘制装饰图形；使用段落格式化命令调整宣传文字的字距和行距，效果如图 6-1 所示。

【效果所在位置】光盘/Ch06/效果/制作商场海报.cdr。

（1）按 Ctrl+N 组合键，新建一个 A4 页面。按 Ctrl+I 组合键，弹出"导入"对话框，选择光盘中的"Ch06 > 素材 > 制作商场海报 > 01"文件，单击"导入"按钮，在页面中单击导入图片，按 P 键，图片在页面居中对齐，效果如图 6-2 所示。

图 6-1

（2）按 Ctrl+I 组合键，弹出"导入"对话框，选择光盘中的"Ch06 > 素材 > 制作商场海报 > 02"文件，单击"导入"按钮，在页面中单击导入图片，选择"选择"工具 ，拖曳图片到适当的位置并调整其大小，效果如图 6-3 所示。

（3）选择"文本"工具 ，在页面中分别输入需要的文字，选择"选择"工具 ，在属性栏中分别选取适当的字体并设置文字大小，效果如图 6-4 所示。

图 6-2

图 6-3

图 6-4

（4）选择"选择"工具 ，选取数字"7"，再次单击文字，使文字处于旋转状态，如图 6-5 所示。向右拖曳文字上方中间的控制手柄到适当的位置，将文字倾斜，效果如图 6-6 所示。用相同的方法制作其他文字效果，如图 6-7 所示。

图 6-5

图 6-6

图 6-7

（5）选择"选择"工具 ，选取文字"倍积分"。选择"形状"工具 ，文字处于编辑状态，如图 6-8 所示，向左拖曳文字下方的 图标到适当的位置，调整文字字距，效果如图 6-9 所示。用相同的方法调整其他文字字距，效果如图 6-10 所示。

图 6-8

图 6-9

图 6-10

（6）选择"选择"工具 ，选择数字"7"。按 F11 键，弹出"编辑填充"对话框，在"节点位置"选项中分别添加并输入 0、53、100 几个位置点，分别设置几个位置点颜色的 CMYK 值为 0（0、40、100、0）、53（0、2、100、0）、100（0、0、0、0），其他选项的设置如图 6-11 所示，单击"确定"按钮，填充文字，效果如图 6-12 所示。

图 6-11

图 6-12

（7）按 F12 键，弹出"轮廓笔"对话框，将"颜色"选项的 CMYK 值设为 0、100、100、0，其他选项的设置如图 6-13 所示，单击"确定"按钮，效果如图 6-14 所示。

图 6-13

图 6-14

（8）选择"阴影"工具 ，在图形上由中心向右下方拖曳光标，为图形添加阴影效果，在属性栏中进行设置如图 6-15 所示，按 Enter 键，效果如图 6-16 所示。用相同的方法制作其他文字效果，如图 6-17 所示。

图 6-15

图 6-16

图 6-17

（9）按 Ctrl+I 组合键，弹出"导入"对话框，选择光盘中的"Ch06 > 素材 > 制作商场海报 > 03"文件，单击"导入"按钮，在页面中单击导入图片，拖曳图片到适当的位置，效果如图 6-18 所示。

（10）按 Ctrl+I 组合键，弹出"导入"对话框，选择光盘中的"Ch06 > 素材 > 制作商场海报 > 04"文件，单击"导入"按钮，在页面中单击导入图片，拖曳到适当的位置并调整其大小，效果如图 6-19 所示。多次按 Ctrl+PageDown 组合键，将其向后移动到适当的位置，效果如图 6-20 所示。

（11）选择"文本"工具 字，在适当的位置输入需要的文字，选择"选择"工具 ，在属性栏中选取适当的字体并设置文字大小，设置文字填充颜色的 CMYK 值为 0、100、100、20，填充文字，效果如图 6-21 所示。

图 6-18　　　　　　　图 6-19　　　　　　　图 6-20　　　　　　　图 6-21

（12）选择"矩形"工具 ，在属性栏中进行设置，如图 6-22 所示，在页面中绘制一个矩形，设置图形颜色的 CMYK 值为 0、100、100、0，填充图形，并去除图形的轮廓线，效果如图 6-23 所示。

图 6-22

图 6-23

（13）选择"文本"工具 字，在适当的位置输入需要的文字，选择"选择"工具 ，在属性栏中选取适当的字体并设置文字大小，效果如图 6-24 所示。

（14）按 F11 键，弹出"编辑填充"对话框，在"节点位置"选项中分别添加并输入 0、53、100 几个位置点，分别设置几个位置点颜色的 CMYK 值为 0（0、40、100、0）、53（0、2、100、0）、100（0、0、0、0），其他选项的设置如图 6-25 所示，单击"确定"按钮，填充文字，效果如图 6-26 所示。

图 6-24

图 6-25 图 6-26

（15）按 F12 键，弹出"轮廓笔"对话框，将"颜色"选项的 CMYK 值设为 0、100、100、50，其他选项的设置如图 6-27 所示，单击"确定"按钮，效果如图 6-28 所示。

（16）选择"文本"工具 字，在适当的位置输入需要的文字，选择"选择"工具 ，在属性栏中选取适当的字体并设置文字大小，填充为白色，效果如图 6-29 所示。用相同的方法制作其他图形和文字效果，如图 6-30 所示。

图 6-27 图 6-28 图 6-29 图 6-30

（17）选择"文本"工具 字，在适当的位置输入需要的文字，选择"选择"工具 ，在属性栏中选取适当的字体并设置文字大小，效果如图 6-31 所示。选择"文本 > 文本属性"命令，在弹出的面板中进行设置，如图 6-32 所示，按 Enter 键，效果如图 6-33 所示。商城海报制作完成。

图 6-31 图 6-32 图 6-33

6.1.2　创建文本

CorelDRAW X7 中的文本具有两种类型，分别是美术字文本和段落文本。它们在使用方法、应用编辑格式、应用特殊效果等方面有很大的区别。

1．输入美术字文本

选择"文本"工具 字 ，在绘图页面中单击鼠标左键，出现"I"形插入文本光标，这时属性栏显示为"文本"属性栏，选择字体，设置字号和字符属性，如图 6-34 所示。设置好后，直接输入美术字文本，效果如图 6-35 所示。

图 6-34　　　　　　　　　　　　　　　图 6-35

2．输入段落文本

选择"文本"工具 字 ，在绘图页面中按住鼠标左键不放，沿对角线拖曳光标，出现一个矩形的文本框，松开鼠标左键，文本框如图 6-36 所示。在"文本"属性栏中选择字体，设置字号和字符属性，如图 6-37 所示。设置好后，直接在虚线框中输入段落文本，效果如图 6-38 所示。

图 6-36　　　　　　　　　　图 6-37　　　　　　　　　　图 6-38

技巧　利用剪切、复制和粘贴等命令，可以将其他文本处理软件中的文本复制到 CorelDRAW X7 的文本框中，如 Office 软件。

3．转换文本模式

使用"选择"工具 ，选中美术字文本，如图 6-39 所示。选择"文本 > 转换为段落文本"命令，或按 Ctrl+F8 组合键，可以将其转换到段落文本，如图 6-40 所示。再次按 Ctrl+F8 组合键，可以将其转换为美术字文本，如图 6-41 所示。

提示　当美术字文本转换成段落文本后，它就不是图形对象，也就不能进行特殊效果的操作。当段落文本转换成美术字文本后，它会失去段落文本的格式。

| 图 6-39 | 图 6-40 | 图 6-41 |

6.1.3　改变文本的属性

1．在属性栏中改变文本的属性

选择"文本"工具 字，属性栏如图 6-42 所示。各选项的含义如下。

图 6-42

字体：单击 Arial 右侧的三角按钮，可以选取需要的字体。

字号：单击 24 pt 右侧的三角按钮，可以选取需要的字号。

B I U：设定字体为粗体、斜体或下划线的属性。

"文本对齐"按钮 ：在其下拉列表中选择文本的对齐方式。

"文本属性"按钮 ：打开"文本属性"面板。

"编辑文本"按钮 ：打开"编辑文本"对话框，可以编辑文本的各种属性。

 ：设置文本的排列方式为水平或垂直。

2．利用"文本属性"泊坞窗改变文本的属性

单击属性栏中的"文本属性"按钮 ，打开"文本属性"面板，如图 6-43 所示，可以设置文字的字体及大小等属性。

图 6-43

6.1.4　文本编辑

选择"文本"工具 字，在绘图页面中的文本中单击鼠标左键，插入鼠标指针并按住鼠标左键不放，拖曳光标可以选中需要的文本，松开鼠标左键，如图 6-44 所示。

在"文本"属性栏中重新选择字体，如图 6-45 所示。设置好后，选中文本的字体被改变，效果如图 6-46 所示。在"文本"属性栏中还可以设置文本的其他属性。

图 6-44

图 6-45

图 6-46

选中需要填色的文本，在调色板中需要的颜色上单击鼠标左键，可以为选中的文本填充颜色，如图 6-47 所示。在页面上的任意位置单击鼠标左键，可以取消对文本的选取，如图 6-48 所示。

图 6-47

图 6-48

按住 Alt 键并拖曳文本框，如图 6-49 所示，可以按文本框的大小改变段落文本的大小，如图 6-50 所示。

图 6-49

图 6-50

选中需要复制的文本，如图 6-51 所示，按 Ctrl+C 组合键，将选中的文本复制到 Windows 的剪贴板中。用光标在文本中其他位置单击，插入光标，再按 Ctrl+V 组合键，可以将选中的文本粘贴到文本中的其他位置，效果如图 6-52 所示。

图 6-51

图 6-52

在文本中的任意位置插入鼠标的光标，效果如图 6-53 所示，再按 Ctrl+A 组合键，可以将整个文本选中，效果如图 6-54 所示。

图 6-53   图 6-54

选择"选择"工具 ，选中需要编辑的文本，单击属性栏中的"编辑文本"按钮 aoI ，或选择"文本 > 编辑文本"命令，或按 Ctrl+Shift+T 组合键，弹出"编辑文本"对话框，如图 6-55 所示。

图 6-55

在"编辑文本"对话框中，上面的选项 ○ Arial ▼ 12 pt ▼ 🗒 🗒 🗒 🗒 ▼ ≡ ≣ ¶ 可以设置文本的属性，中间的文本栏可以输入需要的文本。

单击下面的"选项"按钮，弹出如图 6-56 所示的快捷菜单，在其中选择需要的命令来完成编辑文本的操作。

单击下面的"导入"按钮，弹出如图 6-57 所示的"导入"对话框，可以将需要的文本导入"编辑文本"对话框的文本框中。

图 6-56   图 6-57

在"编辑文本"对话框中编辑好文本后，单击"确定"按钮，编辑好的文本内容就会出现在绘图页面中。

6.1.5 文本导入

在杂志、报纸的制作过程中，经常会将已编辑好的文本插入页面中，这些编辑好的文本都是用其他的字处理软件输入的。使用 CorelDRAW X7 的导入功能，可以方便快捷地完成输入文本的操作。

1. 使用剪贴板导入文本

CorelDRAW X7 可以借助剪贴板在两个运行的程序间剪贴文本。一般可以使用的字处理软件有 Word、WPS 等。

在 Word、WPS 等软件的文件中选中需要的文本，按 Ctrl+C 组合键，将文本复制到剪贴板。

在 CorelDRAW X7 中选择"文本"工具 字，在绘图页面中需要插入文本的位置单击鼠标左键，出现"I"形插入文本光标。按 Ctrl+V 组合键，将剪贴板中的文本粘贴到插入文本光标的位置，美术字文本的导入完成。

在 CorelDRAW X7 中选择"文本"工具 字，在绘图页面中单击鼠标左键并拖曳光标绘制出一个文本框。按 Ctrl+V 组合键，将剪贴板中的文本粘贴到文本框中。段落文本的导入完成。

选择"编辑 > 选择性粘贴"命令，弹出"选择性粘贴"对话框，如图 6-58 所示。在对话框中，可以将文本以图片、Word 文档格式、纯文本 Text 格式导入，可以根据需要选择不同的导入格式。

图 6-58

2. 使用菜单命令导入文本

选择"文件 > 导入"命令，或按 Ctrl+I 组合键，弹出"导入"对话框，选择需要导入的文本文件，如图 6-59 所示，单击"导入"按钮。

在绘图页面上会出现"导入/粘贴文本"对话框，如图 6-60 所示，转换过程正在进行，如果单击"取消"按钮，可以取消文本的导入。选择需要的导入方式，单击"确定"按钮。

图 6-59

图 6-60

转换过程完成后，在绘图页面中会出现一个标题光标，如图 6-61 所示，按住鼠标左键并拖曳光标绘制出文本框，效果如图 6-62 所示；松开鼠标左键，导入的文本出现在文本框中，效果如图 6-63 所示。如果文本框的大小不合适，可以用光标拖曳文本框边框的控制点调整文本框的大小，效果如图 6-64 所示。

图 6-61   图 6-62

图 6-63   图 6-64

提示 　当导入的文本文字太多时，绘制的文本框将不能容纳这些文字，这时，CorelDRAW X7 会自动增加新页面，并建立相同的文本框，将其余容纳不下的文字导入进去，直到全部导入完成为止。

6.1.6　字体设置

通过"文本"属性栏可以对美术字文本和段落文本的字体、字号的大小、字体样式和段落等属性进行简单的设置，效果如图 6-65 所示。

选中文本，如图 6-66 所示。选择"文本 > 文本属性"命令，或单击"文本"属性栏中的"文本属性"按钮 ，或按 Ctrl+T 组合键，弹出"文本属性"面板，如图 6-67 所示。

在"文本属性"面板中，可以设置文本的字体、字号大小等属性，在"字距调整范围"选项中，可以设置字距。在"填充类型"设置区中，可以设置文本的填充颜色及轮廓宽度。在"字符偏移"设置区中可以设置位移和倾斜角度。

图 6-65

图 6-66　　　　　　　　　　　　　　　图 6-67

6.1.7　字体属性

字体属性的修改方法很简单，下面介绍使用"形状"工具 ﹢ 修改字体的属性的方法和技巧。

用美术字模式在绘图页面中输入文本，效果如图 6-68 所示。选择"形状"工具 ﹢ ，在每个文字的左下角将出现一个空心节点□，效果如图 6-69 所示。

图 6-68　　　　　　　　　　　　　　　图 6-69

使用"形状"工具 ﹢ 单击第一个字的空心节点□，使空心节点□变为黑色■，如图 6-70 所示。

在属性栏中选择新的字体，第一个字的字体属性被改变，效果如图 6-71 所示。使用相同的方法，将第二个字的字体属性改变，效果如图 6-72 所示。

按住 Shift 键，单击后两个字的空心节点□使其同时变为黑色■，在属性栏中选择新的字体，后两个字的字体属性同时被改变，效果如图 6-73 所示。

图 6-70　　　　　　　　　　　　　　　图 6-71

图 6-72　　　　　　　　　　　　　　　图 6-73

6.1.8　复制文本属性

使用复制文本属性的功能，可以快速地将不同的文本属性设置成相同的文本属性。下面介绍具体的复制方法。

在绘图页面中输入两个不同文本属性的词语，如图 6-74 所示。选中文本"Best"，如图 6-75 所示。用鼠标的右键拖曳"Best"文本到"Design"文本上，鼠标的光标变为 A 图标，如图 6-76 所示。

图 6-74　　　　　　　　图 6-75　　　　　　　　图 6-76

单击鼠标右键，弹出快捷菜单，选择"复制所有属性"命令，如图 6-77 所示，将"Best"文本的属性复制给"Design"文本，效果如图 6-78 所示。

图 6-77　　　　　　　　　　图 6-78

6.1.9　课堂案例——制作台历

【案例学习目标】学习使用文本工具和制表位命令制作台历。

【案例知识要点】使用文本工具和制表位命令制作台历日期；使用形状工具调整文本的行距；使用钢笔工具、轮廓色工具填充直线；使用矩形工具、椭圆形工具和渐变工具绘制台历装饰图形，台历效果如图 6-79 所示。

图 6-79

【效果所在位置】光盘/Ch06/效果/制作台历.cdr。

（1）按 Ctrl+N 组合键，新建一个 A4 页面。单击属性栏中的"横向"按钮 □，页面显示为横向页面。选择"矩形"工具 □，在页面中绘制一个矩形，填充矩形为白色，如图 6-80 所示。在属性栏中的"轮廓宽度" △ .2 mm ▾ 框中设置数值为 0.5mm，按 Enter 键，效果如图 6-81 所示。

图 6-80　　　　　　　　　　　　　　图 6-81

（2）选择"文本"工具 字，在矩形中适当的位置按住鼠标左键不放，拖曳出一个文本框，如图 6-82 所示。选择"文本 > 制表位"命令，弹出"制表位设置"对话框，如图 6-83 所示。

图 6-82　　　　　　　　　　　　　　图 6-83

（3）单击对话框左下角的"全部移除"按钮，清空所有的制表位位置点，如图 6-84 所示。在对话框中的"制表位位置"选项中输入数值 15，连续按 8 次对话框上面的"添加"按钮，添加 8 个位置点，如图 6-85 所示。

图 6-84　　　　　　　　　　　　　　图 6-85

（4）单击"对齐"下的按钮 ▾，选择"中"对齐，如图 6-86 所示。将 8 个位置点全部选择"中"对齐，如图 6-87 所示，单击"确定"按钮。

图 6-86　　　　　　　　　　　图 6-87

（5）将光标置于段落文本框中，按 Tab 键，输入文字"日"，在属性栏中选择合适的字体并设置文字大小，效果如图 6-88 所示。按 Tab 键，光标跳到下一个制表位处，输入文字"一"，如图 6-89 所示。依次输入其他需要的文字，如图 6-90 所示。

图 6-88　　　　　　　　　　图 6-89　　　　　　　　　　图 6-90

（6）按 Enter 键，将光标换到下一行，按 5 下 Tab 键，输入需要的文字，在属性栏中选择合适的字体并设置文字大小，如图 6-91 所示。用相同的方法依次输入需要的文字，效果如图 6-92 所示。

图 6-91　　　　　　　　　　图 6-92

（7）选择"选择"工具 ⬚，向上拖曳文本框下方中间的控制手柄到适当的位置，效果如图 6-93 所示。选择"形状"工具 ⬚，向下拖曳文字下方的 ⬚ 图标，调整文字的行距，如图 6-94 所示，松开鼠标，效果如图 6-95 所示。

（8）选择"文本"工具 字，选取文字"日"，如图 6-96 所示。在"CMYK 调色板"中的"红"色块上单击鼠标左键，填充文字，效果如图 6-97 所示。用相同的方法分别填充需要的文字，效果如图 6-98 所示。

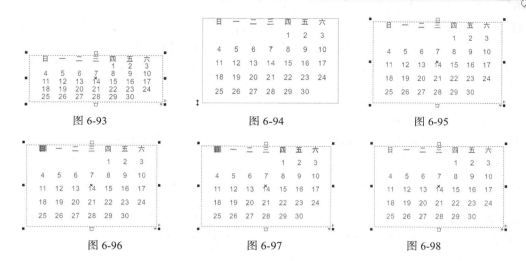

图 6-93　　　　　　　　图 6-94　　　　　　　　图 6-95

图 6-96　　　　　　　　图 6-97　　　　　　　　图 6-98

（9）选择"文件 > 导入"命令，弹出"导入"对话框，选择"Ch06 > 素材 > 制作台历 > 01"文件，单击"导入"按钮，在页面中单击导入图片，将其拖曳到合适的位置并调整其大小，效果如图 6-99 所示。选择"文本"工具 字 ，在页面中输入文字"9 月"，分别选取文字，在属性栏中选择合适的字体并设置文字大小，效果如图 6-100 所示。

图 6-99　　　　　　　　　　　　　　　图 6-100

（10）选择"文本"工具 字 ，选取文字"月"，单击属性栏中的"文本属性"按钮 ，弹出"文本属性"面板，单击"位置"选项按钮 x₂ ，选中"下标"，将"字符垂直偏移"选项设为 25%，其他选项的设置如图 6-101 所示，按 Enter 键，取消文字的选取状态，效果如图 6-102 所示。选择"选择"工具 ，选取文字"9 月"，在"CMYK 调色板"中的"橘红"色块上单击鼠标左键，填充文字，效果如图 6-103 所示。

图 6-101　　　　　　　图 6-102　　　　　　　图 6-103

（11）选择"矩形"工具 □ ，在页面中适当的位置拖曳光标绘制一个矩形，设置矩形颜色的 CMYK 值为：60、0、100、0，填充图形，并去除图形的轮廓线，效果如图 6-104 所示。选择"文本"工具 ⹍ ，在矩形上输入需要的文字，选择"选择"工具 ⹍ ，在属性栏中选择合适的字体并设置文字大小，填充文字为白色，效果如图 6-105 所示。

图 6-104　　　　　　　　图 6-105

（12）选择"选择"工具 ⹍ ，向右拖曳文字右侧中间的控制手柄到适当的位置，如图 6-106 所示。选择"形状"工具 ⹍ ，向左拖曳文字下方的 ⟦⟧ 图标，调整文字的间距，效果如图 6-107 所示。

图 6-106　　　　　　　　图 6-107

（13）选择"钢笔"工具 ⹍ ，绘制一条直线，如图 6-108 所示。在属性栏中的"轮廓宽度" ⹍ .2 mm ▾ 框中设置数值为 0.75mm，在"起始箭头"和"终止箭头"选项的下拉列表中选择需要的箭头形状，如图 6-109 和图 6-110 所示，直线效果如图 6-111 所示。

图 6-108　　　　　图 6-109　　　　　图 6-110　　　　　图 6-111

（14）选择"轮廓色"工具 ⹍ ，弹出"轮廓颜色"对话框，选项的设置如图 6-112 所示，单击"确定"按钮，填充直线，效果如图 6-113 所示，按 Esc 键取消选取状态。

图 6-112

图 6-113

（15）按 Ctrl+I 组合键，弹出"导入"对话框，选择"Ch06 > 素材 > 制作台历 > 02"文件，单击"导入"按钮，在页面中单击导入图片，选择"选择"工具，拖曳图形到合适的位置并调整其大小，效果如图 6-114 所示。在"CMYK 调色板"中的"橘红"色块上单击鼠标左键，填充图形，效果如图 6-115 所示。

图 6-114　　　　　　　　　　　　　　　图 6-115

（16）选择"文本"工具，在页面中输入需要的文字，选择"选择"工具，在属性栏中选择合适的字体并设置文字大小，效果如图 6-116 所示。选择"矩形"工具，在页面中适当的位置拖曳光标绘制一个矩形，设置矩形颜色的 CMYK 值为：60、0、100、0，填充图形，并去除图形的轮廓线，效果如图 6-117 所示。

图 6-116　　　　　　　　　　　　　　　图 6-117

（17）选择"椭圆形"工具和"矩形"工具，在需要的位置分别绘制一个椭圆形和一个矩形，如图 6-118 所示。选择"选择"工具，选取椭圆形，在属性栏中的"轮廓宽度"框中设置数值为 0.7mm，按 Enter 键，效果如图 6-119 所示。

图 6-118　　　　　　　　　　　　　　　图 6-119

（18）选择"选择"工具，选取矩形。按 F11 键，弹出"编辑填充"对话框，在"节点位置"选项中分别输入 0、14、42、73、100，5 个位置点，分别设置 5 个位置点颜色的 CMYK 值为：0（100、0、100、0）、14（40、0、100、0）、42（0、0、0、0）、73（100、0、100、0）、100（40、0、100、0），其他选项的设置如图 6-120 所示，单击"确定"按钮，填充图形，效果如图 6-121 所示。

| 图 6-120 | 图 6-121 |

（19）用圈选的方法将矩形和椭圆形同时选取，按 Ctrl+G 组合键将两个图形群组，效果如图 6-122 所示。保持图形的选取状态，按住 Ctrl 键的同时，水平向右拖曳群组图形，并在适当的位置上单击鼠标右键，复制一个新图形，如图 6-123 所示。按住 Ctrl 键的同时，再连续点按 D 键，按需要再制出多个图形，按 Esc 键取消选取状态，效果如图 6-124 所示。台历制作完成。

| 图 6-122 | 图 6-123 | 图 6-124 |

6.1.10　设置间距

输入美术字文本或段落文本，效果如图 6-125 所示。使用"形状"工具 选中文本，文本的节点将处于编辑状态，如图 6-126 所示。用鼠标拖曳 图标，可以调整文本中字符和字符的间距；拖曳 图标，可以调整文本中行的间距，如图 6-127 所示。使用键盘上的方向键，可以对文本进行微调。

| 图 6-125 | 图 6-126 | 图 6-127 |

按住 Shift 键，将段落中第二行文字左下角的节点全部选中，如图 6-128 所示。将鼠标指针放在黑色的节点上并拖曳鼠标，如图 6-129 所示。可以将第二行文字移动到需要的位置，效果如图 6-130 所示。使用相同的方法可以对单个字进行移动调整。

图 6-128　　　　　　　　　图 6-129　　　　　　　　　图 6-130

提示　单击"文本"属性栏中的"文本属性"按钮，弹出"文本属性"面板，在"字距调整范围"选项的数值框中可以设置字符的间距；在"段落"设置区的"行间距"选项中可以设置行的间距，用来控制段落中行与行间的距离。

6.1.11　设置文本嵌线和上下标

1．设置文本嵌线

选中需要处理的文本，如图 6-131 所示。单击"文本"属性栏中的"文本属性"按钮，弹出"文本属性"面板，如图 6-132 所示。

图 6-131　　　　　　　　　　　　　　图 6-132

单击"下划线"按钮，在弹出的下拉列表中选择线型，如图 6-133 所示，文本下划线的效果如图 6-134 所示。

图 6-133　　　　　　　　　　　　图 6-134

选中需要处理的文本，如图 6-135 所示。在"文本属性"面板中单击 按钮，弹出更多选项，在"字符删除线" 选项的下拉列表中选择线型，如图 6-136 所示，文本删除线的效果如图 6-137 所示。

图 6-135　　　　　　　　　　图 6-136　　　　　　　　　　图 6-137

选中需要处理的文本，如图 6-138 所示。在"字符上划线" 选项的下拉列表中选择线型，如图 6-139 所示，文本上划线的效果如图 6-140 所示。

图 6-138　　　　　　　　　　图 6-139　　　　　　　　　　图 6-140

2．设置文本上下标

选中需要制作上标的文本，如图 6-141 所示。单击"文本"属性栏中的"文本属性"按钮 ，弹出"文本属性"面板，如图 6-142 所示。

图 6-141　　　　　　　　　　图 6-142

单击"位置"按钮 x，在弹出的下拉列表中选择"上标"选项，如图 6-143 所示。设置上标的效果如图 6-144 所示。

图 6-143　　　　　　　　图 6-144

选中需要制作下标的文本，如图 6-145 所示。单击"位置"按钮 x，在弹出的下拉列表中选择"下标"选项，如图 6-146 所示。设置下标的效果如图 6-147 所示。

图 6-145　　　　　　　　图 6-146　　　　　　　　图 6-147

3．设置文本的排列方向

选中文本，如图 6-148 所示。在"文本"属性栏中，单击"将文本更改为水平方向"按钮 ≡ 或"将文本更改为垂直方向"按钮 ⫼，可以水平或垂直排列文本，效果如图 6-149 所示。

选择"文本 > 文本属性"命令，弹出"文本属性"面板，单击"图文框"选项中选择文本的排列方向，如图 6-150 所示。该设置可以改变文本的排列方向。

图 6-148　　　　　　　　图 6-149　　　　　　　　图 6-150

6.1.12　设置制表位和制表符

1．设置制表位

选择"文本"工具，在绘图页面中绘制一个段落文本框，在上方的标尺上出现多个制表位，如图 6-151 所示。选择"文本 > 制表位"命令，弹出"制表位设置"对话框，在对话框中可以进行制表位的设置，如图 6-152 所示。

图 6-151

图 6-152

在数值框中输入数值或调整数值，可以设置制表位的距离，如图 6-153 所示。

在"制表位设置"对话框中，单击"对齐"选项，出现制表位对齐方式下拉列表，可以设置字符出现在制表位上的位置，如图 6-154 所示。

图 6-153

图 6-154

在"制表位设置"对话框中，选中一个制表位，单击"移除"或"全部移除"按钮，可以删除制表位，单击"添加"按钮，可以增加制表位。设置好制表位后，单击"确定"按钮，可以完成制表位的设置。

提示　　在段落文本框中插入光标，在键盘上按 Tab 键，每按一次 Tab 键，插入的光标就会按新设置的制表位移动。

2. 设置制表符

选择"文本"工具 字 ，在绘图页面中绘制一个段落文本框，效果如图 6-155 所示。

在上方的标尺上出现多个"L"形滑块，就是制表符，效果如图 6-156 所示。在任意一个制表符上单击鼠标右键，弹出快捷菜单，在快捷菜单中可以选择该制表符的对齐方式，如图 6-157 所示，也可以对网格、标尺和辅助线进行设置。

图 6-155   图 6-156   图 6-157

在上方的标尺上拖曳"L"形滑块，可以将制表符移动到需要的位置，效果如图 6-158 所示。在标尺上的任意位置单击鼠标左键，可以添加一个制表符，效果如图 6-159 所示。将制表符拖放到标尺外，就可以删除该制表符。

图 6-158   图 6-159

6.2 文本效果

在 CorelDRAW X7 中，可以根据设计制作任务的需要，制作多种文本效果。下面具体讲解文本效果的制作。

6.2.1 课堂案例——制作根雕杂志内页

【案例学习目标】学习使用文本工具和段落格式化命令制作根雕杂志内页。

【案例知识要点】使用选择工具和属性栏添加辅助线；使用文字工具和段落格式化面板添加并调整杂志内文；使用栏命令制作分栏效果，效果如图 6-160 所示。

【效果所在位置】光盘/Ch06/效果/制作根雕杂志内页.cdr。

图 6-160

1. 制作左侧页面效果

（1）按 Ctrl+N 组合键新建一个页面,在属性栏的"页面度量"选项中分别设置宽度为 420.0mm,高度为 297.0mm，按 Enter 键确定操作，页面尺寸显示为设置的大小。

（2）选择"选择"工具 ，从左侧的标尺中拖曳一条辅助线，在属性栏中的"X"坐标文本框中输入数值 17mm，按 Enter 键，效果如图 6-161 所示。单击属性栏中的"锁定"按钮 和"贴齐辅助线"按钮 ，设置辅助线。用相同的方法在 193mm、227mm、403mm 处设置参考线，效果如图 6-162 所示。

图 6-161

图 6-162

（3）选择"选择"工具 ，从上方的标尺中拖曳一条辅助线，在属性栏中的"Y"坐标文本框中输入数值 13mm，然后按 Enter 键，效果如图 6-163 所示。单击属性栏中的"锁定"按钮 和"贴齐辅助线"按钮 ，设置辅助线。

图 6-163

（4）按 Ctrl+I 组合键，弹出"导入"对话框，选择光盘中的"Ch06 > 素材 > 制作根雕杂志内页 > 01"文件，单击"导入"按钮，在页面中单击导入图片，将其拖曳到适当的位置，效果如图 6-164 所示。选择"矩形"工具 ，在页面中绘制一个矩形，填充图形为黑色，并去除图形的轮廓线，效果如图 6-165 所示。

图 6-164

图 6-165

（5）选择"透明度"工具 ，在属性栏中单击"均匀透明度"按钮 ，选项的设置如图 6-166 所示，按 Enter 键，效果如图 6-167 所示。

图 6-166

图 6-167

（6）选择"文本"工具 ，分别在页面中输入需要的文字，选择"选择"工具 ，在属性栏中选择合适的字体并设置文字大小，填充文字为白色，效果如图 6-168 所示。选择"文本"工具 ，在页面中拖曳一个文本框，在属性栏中选择合适的字体并设置文字大小，输入需要的文字，效果如图 6-169 所示。

图 6-168

图 6-169

（7）按 Ctrl+A 组合键将文字全部选取。选择"文本 > 文本属性"命令，弹出"文本属性"面板，将"首行缩进"选项 ⬚.0 mm ⬚ 框设置为 8mm，其他选项的设置如图 6-170 所示。按 Enter 键，效果如图 6-171 所示。

图 6-170

图 6-171

2．制作右侧的页面效果

（1）在记事本文档中选取并复制文字。返回到 CorelDRAW 页面中，选择"文本"工具 字，在页面中拖曳出一个文本框，如图 6-172 所示，按 Ctrl+V 组合键将复制的文本粘贴到文本框中。选择"选择"工具 ，在属性栏中分别选取合适的字体并设置文字大小，效果如图 6-173 所示。

图 6-172

图 6-173

（2）按 Ctrl+A 组合键将文本全部选取。选择"文本 > 文本属性"命令，弹出"文本属性"面板，选项的设置如图 6-174 所示，按 Enter 键，效果如图 6-175 所示。

图 6-174

图 6-175

（3）选择"文本 > 首字下沉"命令，弹出"首字下沉"对话框，勾选"使用首字下沉"复选框，其他选项的设置如图 6-176 所示，单击"确定"按钮，效果如图 6-177 所示。

图 6-176　　　　　　　　　　　　　　　　图 6-177

（4）选择"文本 > 栏"命令，弹出"栏设置"对话框，选项的设置如图 6-178 所示，单击"确定"按钮，效果如图 6-179 所示。

图 6-178　　　　　　　　　　　　　　　　图 6-179

（5）按 Ctrl+I 组合键，弹出"导入"对话框，选择光盘中的"Ch06 > 素材 > 制作根雕杂志内页 > 02"文件，单击"导入"按钮，在页面中单击导入图片，调整其大小和位置，效果如图 6-180 所示。在图片上单击鼠标右键，在弹出的快捷菜单中选择"段落文本换行"命令，效果如图 6-181 所示。

图 6-180　　　　　　　　　　　　　　　　图 6-181

（6）选择"矩形"工具 ，在页面中绘制一个矩形，如图 6-182 所示。按 Ctrl+I 组合键，弹出"导入"对话框，选择光盘中的"Ch06 > 素材 > 制作根雕杂志内页 > 03"文件，单击"导入"按钮，在页面中单击导入图片，如图 6-183 所示。

图 6-182

图 6-183

（7）选择"对象 > 图框精确剪裁 > 置于图文框内部"命令，鼠标指针变为黑色箭头，在矩形框上单击，将图片置入矩形框中，并去除矩形图形的轮廓线，效果如图 6-184 所示。

图 6-184

（8）选择"标注形状"工具，在属性栏中单击"完美形状"按钮，在弹出的面板中选取需要的形状，如图 6-185 所示，在页面中绘制形状，设置图形颜色的 CMYK 值为 0、60、100、0，填充图形，并去除图形的轮廓线，效果如图 6-186 所示。

（9）选择"文本"工具，在页面中输入需要的文字，选择"选择"工具，在属性栏中选择合适的字体并设置文字大小，填充文字为白色，效果如图 6-187 所示。选择"形状"工具，向下拖曳文字下方的图标，调整文字的行距，松开鼠标，效果如图 6-188 所示。

图 6-185

图 6-186

图 6-187

图 6-188

（10）选择"文本"工具，在页面适当的位置输入需要的文字，选择"选择"工具，在属性栏中选择合适的字体并设置文字大小，设置文字颜色的 CMYK 值为 0、20、40、60，填充文字，效果如图 6-189 所示。

（11）在记事本文档中选取并复制文字。返回到 CorelDRAW 页面中，选择"文本"工具，在页面中拖曳出一个文本框，按 Ctrl+V 组合键，将复制的文本粘贴到文本框中。选择"选择"工具，在属性栏中分别选择适当的字体并设置文字大小，效果如图 6-190 所示。

图 6-189

图 6-190

（12）按 Ctrl+A 组合键将文本全部选取。选择"文本 > 文本属性"命令，弹出"文本属性"面板，选项的设置如图 6-191 所示，按 Enter 键，效果如图 6-192 所示。

图 6-191

图 6-192

（13）按 Ctrl+I 组合键，弹出"导入"对话框，选择光盘中的"Ch06 > 素材 > 制作根雕杂志内页 > 04、05"文件，单击"导入"按钮，在页面中分别单击导入图片，调整其大小和位置，效果如图 6-193 所示。

（14）选择"文本"工具 ，分别输入需要的文字，选择"选择"工具 ，在属性栏中选择合适的字体并设置文字大小，分别填充适当的颜色，效果如图 6-194 所示。根雕杂志内页制作完成。

图 6-193

图 6-194

6.2.2　设置首字下沉和项目符号

1．设置首字下沉

在绘图页面中打开一个段落文本，效果如图 6-195 所示。选择"文本 > 首字下沉"命令，弹出

"首字下沉"对话框，勾选"使用首字下沉"复选框，如图 6-196 所示。

图 6-195　　　　　　　　　　　　　　　　　图 6-196

单击"确定"按钮，各段落首字下沉效果如图 6-197 所示。勾选"首字下沉使用悬挂式缩进"复选框，单击"确定"按钮，悬挂式缩进首字下沉效果如图 6-198 所示。

图 6-197　　　　　　　　　　　　　　　　　图 6-198

2．设置项目符号

在绘图页面中打开一个段落文本，效果如图 6-199 所示。选择"文本 > 项目符号"命令，弹出"项目符号"对话框，勾选"使用项目符号"复选框，对话框如图 6-200 所示。

图 6-199　　　　　　　　　　　　　　　　　图 6-200

在对话框"外观"设置区的"字体"选项中可以设置字体的类型；在"符号"选项中可以选择项目符号样式；在"大小"选项中可以设置字体符号的大小；在"基线偏移"选项中可以选择基线的距离。在"间距"设置区中可以调节文本和项目符号的缩进距离。

设置需要的选项，如图 6-201 所示。单击"确定"按钮，段落文本中添加了新的项目符号，效果如图 6-202 所示。在段落文本中需要另起一段的位置插入光标，按 Enter 键，项目符号会自动添加在新段落的前面，效果如图 6-203 所示。

图 6-201

图 6-202

图 6-203

6.2.3　文本绕路径

选择"文本"工具 字 ，在绘图页面中输入美术字文本，使用"椭圆形"工具 ○ 绘制一个椭圆路径，选中美术字文本，效果如图 6-204 所示。

选择"文本 > 使文本适合路径"命令，出现箭头图标，将箭头放在椭圆路径上，文本自动绕路径排列，如图 6-205 所示，单击鼠标左键确定，效果如图 6-206 所示。

图 6-204

图 6-205

图 6-206

选中绕路径排列的文本，如图 6-207 所示，属性栏显示如图 6-208 所示。

在属性栏中可以设置"文字方向""与路径距离"和"水平偏移"，通过设置可以产生多种文本绕路径的效果，如图 6-209 所示。

图 6-207   图 6-208

图 6-209

6.2.4 对齐文本

选择"文本"工具 字，在绘图页面中输入段落文本，单击"文本"属性栏中的"文本对齐"按钮 ，弹出其下拉列表，共有 6 种对齐方式，如图 6-210 所示。

选择"文本 > 文本属性"命令，弹出"文本属性"面板，单击"段落"按钮 ，切换到"段落"属性面板，单击"调整间距设置"按钮 ，弹出"间距设置"对话框，在对话框中可以选择文本的对齐方式，如图 6-211 所示。

图 6-210   图 6-211

无：CorelDRAW X7 默认的对齐方式。选择它将对文本不产生影响，文本可以自由地变换，但单纯的无对齐方式文本的边界会参差不齐。

左：选择左对齐后，段落文本会以文本框的左边界对齐。

居中：选择居中对齐后，段落文本的每一行都会在文本框中居中。

右：选择右对齐后，段落文本会以文本框的右边界对齐。

全部调整：选择全部对齐后，段落文本的每一行都会同时对齐文本框的左右两端。

强制调整：选择强制全部对齐后，可以对段落文本的所有格式进行调整。

选中进行过移动调整的文本，如图 6-212 所示，选择"文本 > 对齐基线"命令，可以将文本重新对齐，效果如图 6-213 所示。

图 6-212　　　　　　　　图 6-213

6.2.5　内置文本

选择"文本"工具 ，在绘图页面中输入美术字文本，使用"基本形状"工具 绘制一个图形，选中美术字文本，效果如图 6-214 所示。

用鼠标右键拖曳文本到图形内，当光标变为十字形的圆环 ，松开鼠标右键，弹出快捷菜单，选择"内置文本"命令，如图 6-215 所示，文本被置入到图形内，美术字文本自动转换为段落文本，效果如图 6-216 所示。选择"文本 > 段落文本框 > 使文本适合框架"命令，文本和图形对象基本适配，效果如图 6-217 所示。

图 6-214　　　　　　　　　　　　　　　　图 6-215

图 6-216　　　　　　　　图 6-217

6.2.6　段落文字的连接

在文本框中经常出现文本被遮住而不能完全显示的问题，如图 6-218 所示。通过调整文本框的大小来使文本完全显示，通过多个文本框的连接来使文本完全显示。

选择"文本"工具 字，单击文本框下部的 ▽ 图标，鼠标指针变为 ▣ 形状，在页面中按住鼠标左键不放，沿对角线拖曳鼠标，绘制一个新的文本框，如图 6-219 所示。松开鼠标左键，在新绘制的文本框中显示出被遮住的文字，效果如图 6-220 所示。拖曳文本框到适当的位置，如图 6-221 所示。

图 6-218

图 6-219

图 6-220

图 6-221

6.2.7　段落分栏

选择一个段落文本，如图 6-222 所示。选择"文本 > 栏"命令，弹出"栏设置"对话框，将"栏数"选项设置为"2"，栏间宽度设置为"8mm"，如图 6-223 所示，设置好后，单击"确定"按钮，段落文本被分为两栏，效果如图 6-224 所示。

图 6-222

图 6-223

图 6-224

6.2.8　文本绕图

CorelDRAW X7 提供了多种文本绕图的形式，应用好文本绕图可以使设计制作的杂志或报刊更加生动美观。

选择"文件 > 导入"命令，或按 Ctrl+I 组合键，弹出"导入"对话框，在对话框的"查找范围"列表框中选择需要的文件夹，在文件夹中选取需要的位图文件，单击"导入"按钮，在页面中单击鼠标左键，位图被导入到页面中，将位图调整到段落文本中的适当位置，效果如图 6-225 所示。

在位图上单击鼠标右键，在弹出的快捷菜单中选择"段落文本换行"命令，如图 6-226 所示，文本绕图效果如图 6-227 所示。在属性栏中单击"文本换行"按钮 ，在弹出的下拉菜单中可以设置换行样式，在"文本换行偏移"选项的数值框中可以设置偏移距离，如图 6-228 所示。

图 6-225

图 6-226

图 6-227

图 6-228

6.2.9 课堂案例——制作滴眼露宣传卡

【案例学习目标】学习使用将文字转换为曲线命令来制作
滴眼露宣传卡。

【案例知识要点】使用文本工具输入标题文字；使用形状
工具调整文字节点；使用转换为曲线命令将文字转换为图形；
使用手绘工具绘制直线，效果如图 6-229 所示。

【效果所在位置】光盘/Ch06/效果/制作滴眼露宣传卡.cdr。

图 6-229

（1）按 Ctrl+O 组合键，打开光盘中的"Ch06 > 素材 >制
作滴眼露宣传卡 > 01"文件，如图 6-230 所示。

（2）选择"文本"工具，在页面中输入需要的文字。选择"选择"工具，在属性栏中选择
合适的字体并设置文字大小，填充文字为白色，效果如图 6-231 所示。

图 6-230

图 6-231

（3）按 Ctrl+K 组合键，将文字拆分。选择"选择"工具，选取文字"晶"，按 Ctrl+Q 组合键，
将文字转换为曲线，如图 6-232 所示。选择"形状"工具，用圈选的方法选取不需要的节点，如
图 6-233 所示。按 Delete 键，删除节点，效果如图 6-234 所示。

图 6-232   图 6-233   图 6-234

（4）按 Ctrl+I 组合键，弹出"导入"对话框，选择光盘中的"Ch06 > 素材 > 制作滴眼露宣传
卡 > 02"文件，单击"导入"按钮，在页面中单击导入图片，将其拖曳到适当的位置并调整其大小，
效果如图 6-235 所示。

（5）选择"文本"工具，输入需要的文字。选择"选择"工具，在属性栏中选择合适的字
体并设置文字大小，填充文字为白色，效果如图 6-236 所示。选择"形状"工具，向右拖曳文字
下方的⬚图标调整字距，松开鼠标后，效果如图 6-237 所示。

图 6-235 图 6-236 图 6-237

（6）选择"手绘"工具 ，按住 Ctrl 键的同时，绘制一条直线，在属性栏中的"轮廓宽度" 2 mm
框中设置数值为 0.7，填充轮廓为白色，效果如图 6-238 所示。

（7）选择"文本"工具 ，输入需要的文字。选择"选择"工具 ，在属性栏中选择合适的字体并设置文字大小，填充文字为白色，效果如图 6-239 所示。选择"形状"工具 ，向下拖曳文字下方的 图标调整文字行距，松开鼠标后，效果如图 6-240 所示。滴眼露宣传卡制作完成。

图 6-238 图 6-239 图 6-240

6.2.10 插入字符

选择"文本"工具 ，在文本中需要的位置单击鼠标左键插入光标，如图 6-241 所示。选择"文本 > 插入符号字符"命令，或按 Ctrl+F11 组合键，弹出"插入字符"泊坞窗，在需要的字符上双击鼠标左键，或选中字符后单击"插入"按钮，如图 6-242 所示，字符插入到文本中，效果如图 6-243所示。

图 6-241 图 6-242 图 6-243

6.2.11 将文字转化为曲线

使用 CorelDRAW X7 编辑好美术文本后，通常需要把文本转换为曲线。转换后既可以对美术文本任意变形，又可以使转曲后的文本对象不会丢失其文本格式。具体操作步骤如下。

选择"选择"工具 选中文本，如图 6-244 所示。选择"对象 > 转换为曲线"命令，或按 Ctrl+Q 组合键，将文本转化为曲线，如图 6-245 所示。可用"形状"工具 ，对曲线文本进行编辑，并修改文本的形状。

图 6-244　　　　　　　　　　图 6-245

6.2.12　创建文字

应用 CorelDRAW X7 的独特功能，可以轻松地创建出计算机字库中没有的汉字，方法其实很简单，下面介绍具体的创建方法。

使用"文本"工具 输入两个具有创建文字所需偏旁的汉字，如图 6-246 所示。用"选择"工具 选取文字，效果如图 6-247 所示。按 Ctrl+Q 组合键，将文字转换为曲线，效果如图 6-248 所示。

图 6-246　　　　　　　图 6-247　　　　　　　图 6-248

再按 Ctrl+K 组合键，将转换为曲线的文字打散，选择"选择"工具 选取所需偏旁，将其移动到创建文字的位置，进行组合，效果如图 6-249 所示。

组合好新文字后，用"选择"工具 圈选新文字，效果如图 6-250 所示，再按 Ctrl+G 组合键，将新文字组合，效果如图 6-251 所示，新文字就制作完成了，效果如图 6-252 所示。

图 6-249　　　　　图 6-250　　　　　图 6-251　　　　　图 6-252

课堂练习——制作旅游宣传单

【练习知识要点】使用文本工具添加文字内容；使用转化为曲线命令编辑文字效果；使用贝塞尔工具、椭圆形工具和基本形状工具绘制图形效果；使用渐变填充工具填充文字，效果如图 6-253 所示。

【素材所在位置】光盘/Ch06/素材/制作旅游宣传单/01~09。

【效果所在位置】光盘/Ch06/效果/制作旅游宣传单.cdr。

图 6-253

课后习题——制作时尚杂志封面

【习题知识要点】使用矩形工具和轮廓笔命令绘制边框图形；使用贝塞尔工具、多边形工具和图框精确剪裁命令制作背景效果；使用文本工具添加文字；使用形状工具选取并删除标题文字中不需要的节点；使用贝塞尔工具和填充工具制作标题文字效果，如图 6-254 所示。

【素材所在位置】光盘/Ch06/素材/制作时尚杂志封面/01、02。

【效果所在位置】光盘/Ch06/效果/制作时尚杂志封面.cdr。

图 6-254

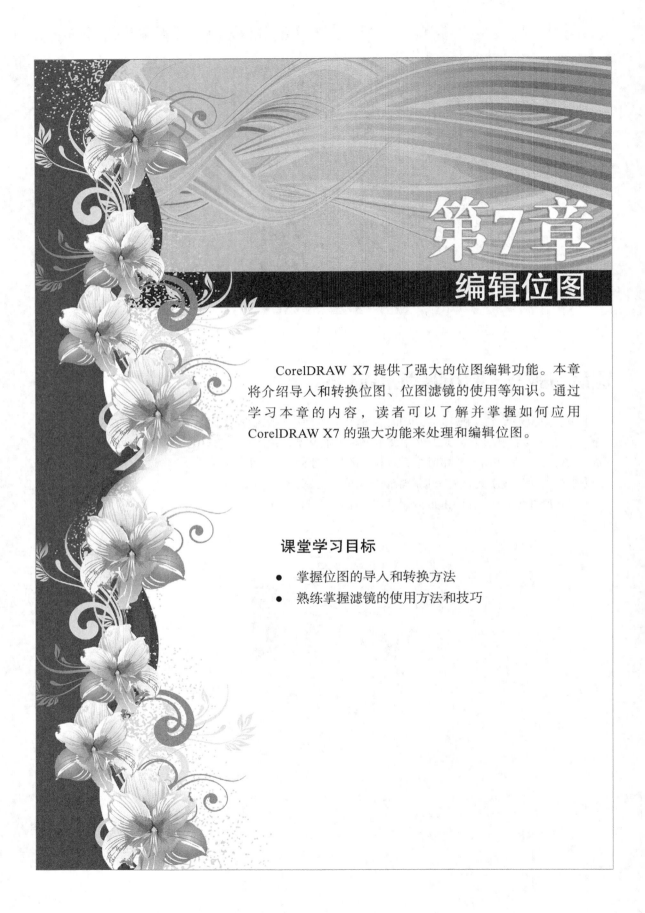

第7章
编辑位图

CorelDRAW X7 提供了强大的位图编辑功能。本章将介绍导入和转换位图、位图滤镜的使用等知识。通过学习本章的内容，读者可以了解并掌握如何应用 CorelDRAW X7 的强大功能来处理和编辑位图。

课堂学习目标

- 掌握位图的导入和转换方法
- 熟练掌握滤镜的使用方法和技巧

7.1　导入并转换位图

CorelDRAW X7 提供了导入位图和将矢量图形转换为位图的功能，下面介绍导入并转换为位图的具体操作方法。

7.1.1　导入位图

选择"文件 > 导入"命令，或按 Ctrl+I 组合键，弹出"导入"对话框，在对话框中的"查找范围"列表框中选择需要的文件夹，在文件夹中选中需要的位图文件，如图 7-1 所示。

选中需要的位图文件后，单击"导入"按钮，鼠标的光标变为 01.jpg 状，如图 7-2 所示。在绘图页面中单击鼠标左键，位图被导入到绘图页面中，如图 7-3 所示。

图 7-1　　　　　　　　　　　　图 7-2　　　　　　　　图 7-3

7.1.2　转换为位图

CorelDRAW X7 提供了将矢量图形转换为位图的功能。下面介绍具体的操作方法。

打开一个矢量图形并保持其选取状态，选择"位图 > 转换为位图"命令，弹出"转换为位图"对话框，如图 7-4 所示。

分辨率：在弹出的下拉列表中选择要转换为位图的分辨率。

颜色模式：在弹出的下拉列表中选择要转换的色彩模式。

光滑处理：可以在转换成位图后消除位图的锯齿。

透明背景：可以在转换成位图后保留原对象的通透性。

图 7-4

7.2　使用滤镜

CorelDRAW X7 提供了多种滤镜，可以对位图进行各种效果的处理。灵活使用位图的滤镜，可以为设计的作品增色不少。下面具体介绍滤镜的使用方法。

7.2.1　课堂案例——制作饮食宣传单

【案例学习目标】学习使用转换和编辑位图命令制作饮食宣传单。

【案例知识要点】使用导入命令和动态模糊命令添加和编辑图片；使用文本工具、轮廓笔命令和阴影工具制作标题文字；使用转换为位图命令和透视命令制作文字的透视效果，效果如图 7-5 所示。

图 7-5

【效果所在位置】光盘/Ch07/效果/制作饮食宣传单.cdr。

（1）按 Ctrl+N 组合键，新建一个 A4 页面。单击属性栏中的"横向"按钮 □，显示为横向页面。

（2）按 Ctrl+I 组合键，弹出"导入"对话框，选择光盘中的"Ch07 > 素材 > 制作饮食宣传单 > 01"文件，单击"导入"按钮，在页面中单击导入图片，按 P 键，图片在页面居中对齐，效果如图 7-6 所示。

（3）按 Ctrl+I 组合键，弹出"导入"对话框，选择光盘中的"Ch07 > 素材 > 制作饮食宣传单 > 02"文件，单击"导入"按钮，在页面中单击导入图片，拖曳到适当的位置并调整其大小，效果如图 7-7 所示。

图 7-6

图 7-7

（4）选择"位图 > 模式 > 双色"命令，弹出"双色调"对话框，在曲线栏中按设计需要调整曲线，如图 7-8 所示，单击"确定"按钮，效果如图 7-9 所示。

图 7-8

图 7-9

（5）选择"透明度"工具 ，在图形中从右上角向左下角拖曳光标，为图形添加透明度效果。

在属性栏中进行设置，如图 7-10 所示，按 Enter 键，效果如图 7-11 所示。

（6）按 Ctrl+I 组合键，弹出"导入"对话框，选择光盘中的"Ch07 > 素材 > 制作饮食宣传单 > 03"文件，单击"导入"按钮，在页面中单击导入图片，拖曳到适当的位置并调整其大小，如图 7-12 所示。

图 7-10   图 7-11   图 7-12

（7）按 Ctrl+I 组合键，弹出"导入"对话框，选择光盘中的"Ch07 > 素材 > 制作饮食宣传单 > 04"文件，单击"导入"按钮，在页面中单击导入图片，拖曳到适当的位置并调整其大小，如图 7-13 所示。

（8）按 Ctrl+I 组合键，弹出"导入"对话框，选择光盘中的"Ch07 > 素材 > 制作饮食宣传单 > 05"文件，单击"导入"按钮，在页面中单击导入图片，拖曳到适当的位置并调整其大小，如图 7-14 所示。

图 7-13   图 7-14

（9）按 Ctrl+C 组合键，复制花朵图形。选择"位图 > 模糊 > 动态模糊"命令，在弹出的对话框中进行设置，如图 7-15 所示，单击"确定"按钮，效果如图 7-16 所示。按 Ctrl+V 组合键，将复制的图形粘贴在原来的位置，效果如图 7-17 所示。

图 7-15   图 7-16   图 7-17

（10）选择"文本"工具 字，输入需要的文字。选择"选择"工具 ，在属性栏中选择合适的字体并设置文字大小。设置文字填充颜色的 CMYK 值为 0、60、60、40，填充文字，效果如图 7-18 所示。选择"文本 > 文本属性"命令，在弹出的"文本属性"面板中单击"段落"按钮 ，切换到段落属性面板中进行设置，如图 7-19 所示，按 Enter 键，效果如图 7-20 所示。

图 7-18

图 7-19

图 7-20

（11）按 F12 键，弹出"轮廓笔"对话框，在"颜色"选项中设置轮廓线颜色的 CMYK 值为 0、0、20、0，其他选项的设置如图 7-21 所示，单击"确定"按钮，效果如图 7-22 所示。

图 7-21

图 7-22

（12）选择"阴影"工具 ，在文字中从上向下拖曳光标，为文字添加阴影效果。在属性栏中进行设置，如图 7-23 所示。按 Enter 键，效果如图 7-24 所示。

图 7-23

图 7-24

（13）选择"文本"工具 字，输入需要的文字。选择"选择"工具 ，在属性栏中选择合适的字体并设置文字大小，单击"将文本更改为垂直方向"按钮 ，更改文字方向，效果如图 7-25 所示。选择"文本 > 文本属性"命令，在弹出的"文本属性"面板中单击"段落"按钮 ，切换到段落属性面板中进行设置，如图 7-26 所示，按 Enter 键，效果如图 7-27 所示。

图 7-25

图 7-26

图 7-27

（14）选择"矩形"工具 □，绘制一个矩形。设置图形颜色的 CMYK 值为 0、60、60、40，填充图形，并去除图形的轮廓线，效果如图 7-28 所示。

（15）选择"文本"工具 字，分别输入需要的文字。选择"选择"工具 ，在属性栏中选择合适的字体并设置文字大小，效果如图 7-29 所示。

图 7-28

（16）选择"文本"工具 字，分别输入需要的文字。选择"选择"工具 ，在属性栏中选择合适的字体并设置文字大小，效果如图 7-30 所示。用圈选的方法将需要的文字同时选取。选择"位图 > 转换为位图"命令，在弹出的对话框中进行设置，如图 7-31 所示，单击"确定"按钮，效果如图 7-32 所示。

图 7-29

图 7-30

图 7-31

图 7-32

（17）选择"位图 > 三维效果 > 透视"命令，在弹出的对话框中进行设置，如图 7-33 所示，单击"确定"按钮，效果如图 7-34 所示。饮食宣传单制作完成，效果如图 7-35 所示。

图 7-33

图 7-34

图 7-35

7.2.2　三维效果

选取导入的位图，选择"位图 > 三维效果"子菜单下的命令，如图 7-36 所示，CorelDRAW X7 提供了 7 种不同的三维效果，下面介绍几种常用的三维效果。

⊚	三维旋转(3)...
🔲	柱面(L)...
E	浮雕(E)...
📝	卷页(A)...
➤	透视(R)...
🔆	挤远/挤近(P)...
⚫	球面(S)...

图 7-36

1．三维旋转

选择"位图 > 三维效果 > 三维旋转"命令，弹出"三维旋转"对话框，单击对话框中的■按钮，显示对照预览窗口，如图 7-37 所示，左窗口显示的是位图原始效果，右窗口显示的是完成各项设置后的位图效果。

对话框中各选项的含义如下。

■：用鼠标拖曳立方体图标，可以设定图像的旋转角度。

垂直：可以设置绕垂直轴旋转的角度。

水平：可以设置绕水平轴旋转的角度。

最适合：经过三维旋转后的位图尺寸将接近原来的位图尺寸。

预览：预览设置后的三维旋转效果。

重置：对所有参数重新设置。

🔒：可以在改变设置时自动更新预览效果。

2．柱面

选择"位图 > 三维效果 > 柱面"命令，弹出"柱面"对话框，单击对话框中的■按钮，显示对照预览窗口，如图 7-38 所示。

对话框中各选项的含义如下。

柱面模式：可以选择"水平"或"垂直的"模式。

百分比：可以设置水平或垂直模式的百分比。

图 7-37

图 7-38

3．卷页

选择"位图 > 三维效果 > 卷页"命令，弹出"卷页"对话框，单击对话框中的■按钮，显示对照预览窗口，如图 7-39 所示。

对话框中各选项的含义如下。

**：4 个卷页类型按钮，可以设置位图卷起页角的位置。

定向：选择"垂直的"和"水平"两个单选项，可以设置卷页效果的卷起边缘。

纸张："不透明"和"透明的"两个单选项可以设置卷页部分是否透明。

卷曲：可以设置卷页颜色。

背景：可以设置卷页后面的背景颜色。

宽度：可以设置卷页的宽度。

高度：可以设置卷页的高度。

4．球面

选择"位图 > 三维效果 > 球面"命令，弹出"球面"对话框，单击对话框中的■按钮，显示对照预览窗口，如图 7-40 所示。

对话框中各选项的含义如下。

优化：可以选择"速度"和"质量"选项。

百分比：可以控制位图球面化的程度。

■：用来在预览窗口中设定变形的中心点。

图 7-39

图 7-40

7.2.3 艺术笔触

选中位图，选择"位图 > 艺术笔触"子菜单下的命令，如图 7-41 所示，CorelDRAW X7 提供了 14 种不同的艺术笔触效果。下面介绍常用的几种艺术笔触。

1．炭笔画

选择"位图 > 艺术笔触 > 炭笔画"命令，弹出"炭笔画"对话框，单击对话框中的■按钮，显示对照预览窗口，如图 7-42 所示。

对话框中各选项的含义如下。

大小：可以设置位图炭笔画的像素大小。

边缘：可以设置位图炭笔画的黑白度。

2．印象派

选择"位图 > 艺术笔触 > 印象派"命令，弹出"印象派"对话框，单击对话框中的■按钮，显示对照预览窗口，如图 7-43 所示。

图 7-41

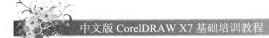

对话框中各选项的含义如下。

样式：选择"笔触"或"色块"选项，会得到不同的印象派位图效果。

笔触：可以设置印象派效果笔触大小及其强度。

着色：可以调整印象派效果的颜色，数值越大，颜色越重。

亮度：可以对印象派效果的亮度进行调节。

图 7-42

图 7-43

3．调色刀

选择"位图 > 艺术笔触 > 调色刀"命令，弹出"调色刀"对话框，单击对话框中的 ▣ 按钮，显示对照预览窗口，如图 7-44 所示。

对话框中各选项的含义如下。

刀片尺寸：可以设置笔触的锋利程度，数值越小，笔触越锋利，位图的刻画效果越明显。

柔软边缘：可以设置笔触的坚硬程度，数值越大，位图的刻画效果越平滑。

角度：可以设置笔触的角度。

4．素描

选择"位图 > 艺术笔触 > 素描"命令，弹出"素描"对话框，单击对话框中的 ▣ 按钮，显示对照预览窗口，如图 7-45 所示。

图 7-44

图 7-45

对话框中各选项的含义如下。

铅笔类型：可选择"碳色"或"颜色"类型，不同的类型可以产生不同的位图素描效果。

样式：可以设置石墨或彩色素描效果的平滑度。

笔芯：可以设置素描效果的精细和粗糙程度。

轮廓：可以设置素描效果的轮廓线宽度。

7.2.4　模糊

选中一张图片，选择"位图 > 模糊"子菜单下的命令，如图 7-46 所示，CorelDRAW X7 提供了 10 种不同的模糊效果。下面介绍其中两种常用的模糊效果。

1．高斯式模糊

选择"位图 > 模糊 > 高斯式模糊"命令，弹出"高斯式模糊"对话框，单击对话框中的□按钮，显示对照预览窗口，如图 7-47 所示。

对话框中选项的含义如下。

半径：可以设置高斯模糊的程度。

2．缩放

选择"位图 > 模糊 > 缩放"命令，弹出"缩放"对话框，单击对话框中的□按钮，显示对照预览窗口，如图 7-48 所示。

对话框中各选项的含义如下。

⊕：在左边的原始图像预览框中单击鼠标左键，可以确定移动模糊的中心位置。

数量：可以设定图像的模糊程度。

| 定向平滑(D)... |
| 高斯式模糊(G)... |
| 锯齿状模糊(J)... |
| 低通滤波器(L)... |
| 动态模糊(M)... |
| 放射式模糊(R)... |
| 平滑(S)... |
| 柔和(F)... |
| 缩放(Z)... |
| 智能模糊(A)... |

图 7-46

图 7-47

图 7-48

7.2.5　轮廓图

选中位图，选择"位图 > 轮廓图"子菜单下的命令，如图 7-49 所示，CorelDRAW X7 提供了 3 种不同的轮廓图效果。下面介绍其中两种常用的轮廓图效果。

| 边缘检测(E)... |
| 查找边缘(F)... |
| 描摹轮廓(T)... |

图 7-49

1．边缘检测

选择"位图 > 轮廓图 > 边缘检测"命令，弹出"边缘检测"对话框，单击对话框中的□按钮，显示对照预览窗口，如图 7-50 所示。

对话框中各选项的含义如下。

背景色：用来设定图像的背景颜色为白色、黑色或其他颜色。

: 可以在位图中吸取背景色。

灵敏度：用来设定探测边缘的灵敏度。

2．查找边缘

选择"位图 > 轮廓图 > 查找边缘"命令，弹出"查找边缘"对话框，单击对话框中的按钮，显示对照预览窗口，如图 7-51 所示。

对话框中各选项的含义如下。

边缘类型：有"软"和"纯色"两种类型，选择不同的类型，会得到不同的效果。

层次：可以设定效果的纯度。

图 7-50

图 7-51

7.2.6　创造性

选中位图，选择"位图 > 创造性"子菜单下的命令，如图 7-52 所示，CorelDRAW X7 提供了 14 种不同的创造性效果。下面介绍几种常用的创造性效果。

1．框架

选择"位图 > 创造性 > 框架"命令，弹出"框架"对话框，单击"修改"选项卡，单击对话框中的按钮，显示对照预览窗口，如图 7-53 所示。

对话框中各选项的含义如下。

"选择"选项卡：用来选择框架，并为选取的列表添加新框架。

"修改"选项卡：用来对框架进行修改，此选项卡中各选项的含义如下。

颜色、不透明：用来设定框架的颜色和不透明度。

模糊/羽化：用来设定框架边缘的模糊及羽化程度。

调和：用来选择框架与图像之间的混合方式。

水平、垂直：用来设定框架的大小比例。

旋转：用来设定框架的旋转角度。

图 7-52

翻转：用来将框架垂直或水平翻转。

对齐：用来在图像窗口中设定框架效果的中心点。

回到中心位置：用来在图像窗口中重新设定中心点。

2．马赛克

选择"位图 > 创造性 > 马赛克"命令，弹出"马赛克"对话框，单击对话框中的 按钮，显示对照预览窗口，如图 7-54 所示。

对话框中各选项的含义如下。

大小：设置马赛克显示的大小。

背景色：设置马赛克的背景颜色。

虚光：为马赛克图像添加模糊的羽化框架。

图 7-53　　　　　　　　　　　　　　图 7-54

3．彩色玻璃

选择"位图 > 创造性 > 彩色玻璃"命令，弹出"彩色玻璃"对话框，单击对话框中的 按钮，显示对照预览窗口，如图 7-55 所示。

对话框中各选项的含义如下。

大小：设定彩色玻璃块的大小。

光源强度：设定彩色玻璃的光源的强度。强度越小，显示越暗，强度越大，显示越亮。

焊接宽度：设定玻璃块焊接处的宽度。

焊接颜色：设定玻璃块焊接处的颜色。

三维照明：显示彩色玻璃图像的三维照明效果。

4．虚光

选择"位图 > 创造性 > 虚光"命令，弹出"虚光"对话框，单击对话框中的 按钮，显示对照预览窗口，如图 7-56 所示。

对话框中各选项的含义如下。

颜色：设定光照的颜色。

形状：设定光照的形状。

偏移：设定框架的大小。

褪色：设定图像与虚光框架的混合程度。

图 7-55   图 7-56

7.2.7　扭曲

选中位图，选择"位图 > 扭曲"子菜单下的命令，如图 7-57 所示，CorelDRAW
X7 提供了 11 种不同的扭曲效果。下面介绍几种常用的扭曲效果。

1．块状

选择"位图 > 扭曲 > 块状"命令，弹出"块状"对话框，单击对话框中的
▣ 按钮，显示对照预览窗口，如图 7-58 所示。

对话框中各选项的含义如下。

未定义区域：在其下拉列表中可以设定背景部分的颜色。

块宽度、块高度：设定块状图像的尺寸大小。

最大偏移：设定块状图像的打散程度。

图 7-57

2．置换

选择"位图 > 扭曲 > 置换"命令，弹出"置换"对话框，单击对话框中的 ▣ 按钮，显示对照
预览窗口，如图 7-59 所示。

图 7-58   图 7-59

对话框中各选项的含义如下。

缩放模式：可以选择"平铺"或"伸展适合"两种模式。

：可以选择置换的图形。

3．像素

选择"位图 > 扭曲 > 像素"命令，弹出"像素"对话框，单击对话框中的 按钮，显示对照预览窗口，如图 7-60 所示。

对话框中各选项的含义如下。

像素化模式：当选择"射线"模式时，可以在预览窗口中设定像素化的中心点。

宽度、高度：设定像素色块的大小。

不透明：设定像素色块的不透明度，数值越小，色块就越透明。

4．龟纹

选择"位图 > 扭曲 > 龟纹"命令，弹出"龟纹"对话框，单击对话框中的 按钮，显示对照预览窗口，如图 7-61 所示。

对话框中选项的含义如下。

周期、振幅：默认的波纹是与图像的顶端和底端平行的。拖曳此滑块，可以设定波纹的周期和振幅，在右边可以看到波纹的形状。

图 7-60

图 7-61

课堂练习——制作足球门票

【练习知识要点】使用矩形工具、导入命令、快速描摹命令和图框精确剪裁命令制作背景效果；使用文本工具添加文字效果；使用贝塞尔工具和轮廓笔命令绘制虚线效果；使用插入条形码命令制作条形码，足球门票效果如图 7-62 所示。

【素材所在位置】光盘/Ch07/素材/制作足球门票/01~06。

【效果所在位置】光盘/Ch07/效果/制作足球门票.cdr。

图 7-62

课后习题——制作夜吧海报

【习题知识要点】使用导入命令和高斯式模糊命令制作人物剪影效果；使用文本工具、渐变填充工具和轮廓图工具制作文字效果；使用矩形工具和轮廓笔命令绘制装饰图形，夜吧海报效果如图 7-63 所示。

【素材所在位置】光盘/Ch07/素材/制作夜吧海报/01、02。

【效果所在位置】光盘/Ch07/效果/制作夜吧海报.cdr。

图 7-63

第8章
应用特殊效果

CorelDRAW X7 提供了多种特殊效果工具和命令，通过应用这些工具和命令，可以制作出丰富的图形特效。通过对本章内容的学习，读者可以了解并掌握如何应用强大的特殊效果功能制作出丰富多彩的图形特效。

课堂学习目标

- 掌握图框精确剪裁的方法。
- 掌握亮度、对比度和强度的调整方法。
- 掌握颜色通道的调整方法。
- 掌握色度、饱和度和亮度的调整方法。
- 掌握透视和立体效果的制作方法。
- 掌握调和效果的使用方法。
- 掌握阴影、透明、轮廓效果的制作方法。
- 掌握变形、封套、透镜效果的使用方法。

8.1 图框精确剪裁和色调的调整

在 CorelDRAW X7 中，使用图框精确剪裁，可以将一个对象内置于另外一个容器对象中。内置的对象可以是任意的，但容器对象必须是创建的封闭路径。使用色调调整命令可以调整图形。下面就具体讲解如何置入图形和调整图形的色调。

8.1.1 课堂案例——制作传统文字书籍封面

【案例学习目标】学习使用色调的调整命令制作传统文字书籍封面。

【案例知识要点】使用矩形工具、渐变填充工具、调和曲线命令和图框精确剪裁命令制作背景效果；使用矩形工具、椭圆形工具和文本工具添加标题文字和装饰图形；使用色度/饱和度/亮度命令调整纸鹤的色调。传统文字书籍封面效果如图 8-1 所示。

【效果所在位置】光盘/Ch08/效果/制作传统文字书籍封面.cdr。

（1）按 Ctrl+N 组合键，新建一个 A4 页面。双击"矩形"工具 □，绘制一个与页面大小相等的矩形，如图 8-2 所示。

图 8-1

（2）按 F11 键，弹出"编辑填充"对话框，在"节点位置"选项中分别添加并输入 0、28、50、73、100 几个位置点，分别设置几个位置点颜色的 CMYK 值为 0（0、0、10、20）、28（0、0、4、7）、50（0、0、0、0）、73（0、0、3、6）、100（0、0、10、20），其他选项的设置如图 8-3 所示，单击"确定"按钮，填充图形，并去除图形的轮廓线，效果如图 8-4 所示。

图 8-2　　　　　　　　　　　　　　　　图 8-3　　　　　　　　　　　　　　　　图 8-4

（3）按 Ctrl+I 组合键，弹出"导入"对话框，选择光盘中的"Ch08 > 素材 > 制作传统文字书籍封面 > 01"文件，单击"导入"按钮，在页面中单击导入图片，将其拖曳到适当的位置，效果如图 8-5 所示。选择"效果 > 调整 > 调和曲线"命令，在弹出的对话框中进行设置，如图 8-6 所示，单击"确定"按钮，效果如图 8-7 所示。

（4）选择"选择"工具 ，按两次数字键盘上的+键，复制图形，分别拖曳复制的图形到适当的位置并调整其大小，效果如图 8-8 所示。

图 8-5   图 8-6   图 8-7   图 8-8

（5）选择"选择"工具 ，按住 Shift 键的同时，将需要的图形同时选取，如图 8-9 所示。选择"对象 > 图框精确剪裁 > 置于图文框内部"命令，鼠标指针变为黑色箭头，在背景图形上单击，如图 8-10 所示，将图片置入背景中，效果如图 8-11 所示。

图 8-9   图 8-10   图 8-11

（6）选择"矩形"工具 ，绘制一个矩形，设置图形填充颜色的 CMYK 值为 85、78、70、40，填充图形，并去除图形的轮廓线，效果如图 8-12 所示。选择"选择"工具 ，按 3 次数字键盘上的+键，复制图形，分别拖曳复制的图形到适当的位置并调整其大小，效果如图 8-13 所示。

图 8-12   图 8-13

（7）选择"选择"工具 ，选择需要的图形，如图 8-14 所示。在属性栏中单击"倒棱角"按钮，其他选项的设置如图 8-15 所示，按 Enter 键，效果如图 8-16 所示。

图 8-14　　　　　　　　图 8-15　　　　　　　　图 8-16

（8）选择"文本"工具，分别输入需要的文字，选择"选择"工具，在属性栏中选择合适的字体并设置文字大小，填充文字为白色，效果如图 8-17 所示。

（9）选择"文本"工具，输入需要的文字，选择"选择"工具，在属性栏中选择合适的字体并设置文字大小，填充文字为白色，效果如图 8-18 所示。选择"文本 > 文本属性"命令，在弹出的面板中进行设置，如图 8-19 所示，按 Enter 键，效果如图 8-20 所示。

图 8-17　　　　　图 8-18　　　　　　图 8-19　　　　　图 8-20

（10）选择"椭圆形"工具，绘制一个椭圆形，填充图形为白色，并去除图形的轮廓线，效果如图 8-21 所示。选择"文本"工具，在适当的位置输入需要的文字，选择"选择"工具，在属性栏中选取适当的字体并设置文字大小。设置文字填充颜色的 CMYK 值为 85、78、70、40，填充文字，效果如图 8-22 所示。

图 8-21　　　　　　　图 8-22

（11）选择"文本"工具，输入需要的文字，选择"选择"工具，在属性栏中选择合适的字体并设置文字大小，填充文字为白色，效果如图 8-23 所示。选择"文本 >文本属性"命令，在弹出的面板中进行设置，如图 8-24 所示，按 Enter 键，效果如图 8-25 所示。

图 8-23　　　　　　　　　　　图 8-24　　　　　　　　　　　图 8-25

（12）按 Ctrl+I 组合键，弹出"导入"对话框，选择光盘中的"Ch08 > 素材 > 传统文字书籍封面设计 > 02"文件，单击"导入"按钮，在页面中单击导入图片，将其拖曳到适当的位置，效果如图 8-26 所示。

（13）选择"效果 > 调整 > 色度/饱和度/亮度"命令，在弹出的对话框中进行设置，如图 8-27 所示，单击"确定"按钮，效果如图 8-28 所示。

图 8-26　　　　　　　　　　　图 8-27　　　　　　　　　　　图 8-28

（14）选择"阴影"工具 ，在图形中从上向下拖曳光标，为图形添加阴影效果。在属性栏中进行设置，如图 8-29 所示，按 Enter 键，效果如图 8-30 所示。

（15）按 Ctrl+I 组合键，弹出"导入"对话框，选择光盘中的"Ch08 > 素材 > 制作传统文字书籍封面 > 02"文件，单击"导入"按钮，在页面中单击导入图片，将其拖曳到适当的位置，效果如图 8-31 所示。

图 8-29　　　　　　　　　　图 8-30　　　　　　　　　　图 8-31

（16）选择"贝塞尔"工具，绘制一条直线，如图 8-32 所示。选择"文本"工具，输入需要的文字，选择"选择"工具，在属性栏中选择合适的字体并设置文字大小，效果如图 8-33 所示。

图 8-32　　　　　　　　　　图 8-33

（17）选择"文本 > 文本属性"命令，在弹出的面板中进行设置，如图 8-34 所示，按 Enter 键，效果如图 8-35 所示。选择"文本"工具，输入需要的文字，选择"选择"工具，在属性栏中选取适当的字体并设置文字大小，效果如图 8-36 所示。

图 8-34　　　　　　　　　　图 8-35　　　　　　　　　　图 8-36

8.1.2　图框精确剪裁效果

在 CorelDRAW X7 中，使用图框精确剪裁，可以将一个对象内置于另外一个容器对象中。内置的对象可以是任意的，但容器对象必须是创建的封闭路径。

打开一张图片，再绘制一个图形作为容器对象，使用"选择"工具选中要用来内置的图片，效果如图 8-37 所示。

图 8-37

选择"效果 > 图框精确剪裁 > 置于图文框内部"命令，鼠标的指针变为黑色箭头，将箭头放在容器对象内并单击，如图 8-38 所示。完成的图框精确剪裁对象效果如图 8-39 所示。内置图形的中心和容器对象的中心是重合的。

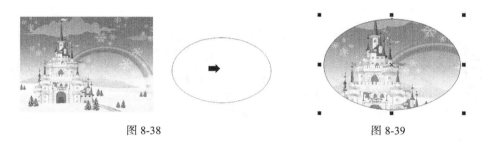

图 8-38　　　　　　　　　　　　　　　　　　　　图 8-39

选择"效果 > 图框精确剪裁 > 提取内容"命令，可以将容器对象内的内置位图提取出来。选择"对象 > 图框精确剪裁 > 编辑 PowerClip"命令，可以修改内置对象。选择"对象 > 图框精确剪裁 > 结束编辑"命令，完成内置位图的重新选择。选择"对象 > 图框精确剪裁 > 复制 PowerClip 自"命令，鼠标的指针变为黑色箭头，将箭头放在图框精确剪裁对象上并单击，可复制内置对象。

8.1.3　调整亮度、对比度和强度

打开一个图形，如图 8-40 所示。选择"效果 > 调整 > 亮度/对比度/强度"命令，或按 Ctrl+B 组合键，弹出"亮度/对比度/强度"对话框，用光标拖曳滑块可以设置各项的数值，如图 8-41 所示，调整好后，单击"确定"按钮，图形色调的调整效果如图 8-42 所示。

图 8-40　　　　　　　　　　图 8-41　　　　　　　　　　图 8-42

"亮度"选项：可以调整图形颜色的深浅变化，也就是增加或减少所有像素值的色调范围。

"对比度"选项：可以调整图形颜色的对比，也就是调整最浅和最深像素值之间的差。

"强度"选项：可以调整图形浅色区域的亮度，同时不降低深色区域的亮度。

"预览"按钮：可以预览色调的调整效果。

"重置"按钮：可以重新调整色调。

8.1.4　调整颜色通道

打开一个图形，效果如图 8-43 所示。选择"效果 > 调整 > 颜色平衡"命令，或按 Ctrl+Shift+B 组合键，弹出"颜色平衡"对话框，用光标拖曳滑块可以设置各选项的数值，如图 8-44 所示。调整好后，单击"确定"按钮，图形色调的调整效果如图 8-45 所示。

图 8-43　　　　　　　　　　　　　　图 8-44　　　　　　　　　　　　　　图 8-45

在对话框的"范围"设置区中有 4 个复选框，可以共同或分别设置对象的颜色调整范围。

"阴影"复选框：可以对图形阴影区域的颜色进行调整。

"中间色调"复选框：可以对图形中间色调的颜色进行调整。

"高光"复选框：可以对图形高光区域的颜色进行调整。

"保持亮度"复选框：可以在对图形进行颜色调整的同时保持图形的亮度。

"青 – 红"选项：可以在图形中添加青色和红色。向右移动滑块将添加红色，向左移动滑块将添加青色。

"品红 – 绿"选项：可以在图形中添加品红色和绿色。向右移动滑块将添加绿色，向左移动滑块将添加品红色。

"黄 – 蓝"选项：可以在图形中添加黄色和蓝色。向右移动滑块将添加蓝色，向左移动滑块将添加黄色。

8.1.5　调整色度、饱和度和亮度

打开一个要调整色调的图形，如图 8-46 所示。选择"效果 > 调整 > 色度/饱和度/亮度"命令，或按 Ctrl+Shift+U 组合键，弹出"色度/饱和度/亮度"对话框，用光标拖曳滑块可以设置其数值，如图 8-47 所示。调整好后，单击"确定"按钮，图形色调的调整效果如图 8-48 所示。

"通道"选项组：可以选择要调整的主要颜色。

"色度"选项：可以改变图形的颜色。

"饱和度"选项：可以改变图形颜色的深浅程度。

"亮度"选项：可以改变图形的明暗程度。

图 8-46   图 8-47   图 8-48

8.2   特殊效果

在 CorelDRAW X7 中应用特殊效果和命令可以制作出丰富的图形特效。下面具体介绍几种常用的特殊效果和命令。

8.2.1   课堂案例——制作包装盒

【案例学习目标】学习使用特殊效果命令制作包装盒。

【案例知识要点】使用矩形工具和立体化工具制作包装结构图；使用透视效果命令制作包装立体效果。包装盒的效果如图 8-49 所示。

【效果所在位置】光盘/Ch08/效果/制作包装盒.cdr。

（1）按 Ctrl+N 组合键，新建一个 A4 页面。选择"矩形"工具 ⬚，在页面中绘制一个矩形，如图 8-50 所示。按 Ctrl+Q 组合键，将图形转化为曲线。

（2）选择"形状"工具 ⬚，选取需要的节点，如图 8-51 所示，将其拖曳到适当的位置，效果如图 8-52 所示。选取右上方的节点，将其拖曳到适当的位置，效果如图 8-53 所示。

图 8-49

图 8-50   图 8-51   图 8-52   图 8-53

（3）选择"立体化"工具 ⬚，在图形上由中心向右上方拖曳指针，如图 8-54 所示，松开鼠标，效果如图 8-55 所示。

图 8-54 图 8-55

（4）按 Ctrl+I 组合键，弹出"导入"对话框，选择光盘中的"Ch08＞素材＞制作包装盒＞01"文件，单击"导入"按钮，在页面中单击导入图片，效果如图 8-56 所示。按 Ctrl+U 组合键，取消图形的群组。

（5）选择"选择"工具 ，选取需要的图形，如图 8-57 所示，将其拖曳到适当的位置，如图 8-58 所示。选择"效果＞添加透视"命令，为图形添加透视点，如图 8-59 所示。

图 8-56 图 8-57 图 8-58 图 8-59

（6）选取左上角的节点，将其拖曳到适当的位置，效果如图 8-60 所示。用相同的方法将其他节点拖曳到适当的位置，效果如图 8-61 所示。

（7）选择"选择"工具 ，选取需要的图形，将其拖曳到适当的位置，如图 8-62 所示。选择"效果＞添加透视"命令，为图形添加透视点，如图 8-63 所示。

图 8-60 图 8-61 图 8-62 图 8-63

（8）选取右下角的节点，将其拖曳到适当的位置，效果如图 8-64 所示。用相同的方法将其他节点拖曳到适当的位置，效果如图 8-65 所示。

（9）选择"选择"工具 ，选取需要的图形，将其拖曳到适当的位置，如图 8-66 所示。用相同的方法添加透视点，并将需要的节点拖曳到适当的位置，按 Esc 键，取消选取状态，包装盒制作完成，效果如图 8-67 所示。

图 8-64　　　　　　　图 8-65　　　　　　　　　图 8-66　　　　　　　　图 8-67

8.2.2　制作透视效果

在设计和制作图形的过程中，经常会使用到透视效果。下面介绍如何在 CorelDRAW X7 中制作透视效果。

打开要制作透视效果的图形，使用"选择"工具，将图形选中，效果如图 8-68 所示。选择"效果 > 添加透视"命令，在图形的周围出现控制线和控制点，如图 8-69 所示。用指针拖曳控制点，制作需要的透视效果，在拖曳控制点时出现了透视点×，如图 8-70 所示。用指针可以拖曳透视点×，同时可以改变透视效果，如图 8-71 所示。制作好透视效果后，按空格键，确定完成的效果。

图 8-68　　　　　　　图 8-69　　　　　　　　图 8-70　　　　　　　　图 8-71

要修改已经制作好的透视效果，需双击图形，再对已有的透视效果进行调整即可。选择"效果 > 清除透视点"命令，可以清除透视效果。

8.2.3　制作立体效果

立体效果是利用三维空间的立体旋转和光源照射的功能来完成的。CorelDRAW X7 中的"立体化"工具，可以制作和编辑图形的三维效果。

绘制一个需要立体化的图形，如图 8-72 所示。选择"立体化"工具，在图形上按住鼠标左键并向图形右下方拖曳指针，如图 8-73 所示，达到需要的立体效果后，松开鼠标左键，图形的立体化效果如图 8-74 所示。

图 8-72　　　　　　　　　图 8-73　　　　　　　　　图 8-74

"立体化"工具 的属性栏如图 8-75 所示。各选项的含义如下。

图 8-75

"立体化类型" 选项：单击选项后的三角形弹出下拉列表，分别选择可以出现不同的立体化效果。

"深度" 选项：可以设置图形立体化的深度。

"灭点属性" 选项：可以设置灭点的属性。

"页面或对象灭点"按钮 ：可以将灭点锁定到页面上，在移动图形时灭点不能移动，且立体化的图形形状会改变。

"立体化旋转"按钮 ：单击此按钮，弹出旋转设置框，指针放在三维旋转设置区内会变为手形，拖曳鼠标可以在三维旋转设置区中旋转图形，页面中的立体化图形会进行相应的旋转。单击 按钮，设置区中出现"旋转值"数值框，可以精确地设置立体化图形的旋转数值。单击 按钮，恢复到设置区的默认设置。

"立体化颜色"按钮 ：单击此按钮，弹出立体化图形的"颜色"设置区。在颜色设置区中有 3 种颜色设置模式，分别是"使用对象填充"模式 、"使用纯色"模式 和"使用递减的颜色"模式 。

"立体化倾斜"按钮 ：单击此按钮，弹出"斜角修饰"设置区，通过拖曳面板中图例的节点来添加斜角效果，也可以在增量框中输入数值来设定斜角。勾选"只显示斜角修饰边"复选框，将只显示立体化图形的斜角修饰边。

"立体化照明"按钮 ：单击此按钮，弹出照明设置区，在设置区中可以为立体化图形添加光源。

8.2.4　使用调和效果

调和工具是 CorelDRAW X7 中应用最广泛的工具之一。制作出的调和效果可以在绘图对象间产生形状、颜色的平滑变化。下面具体讲解调和效果的使用方法。

绘制两个要制作调和效果的图形，如图 8-76 所示。选择"调和"工具 ，将鼠标的指针放在左边的图形上，鼠标的指针变为 ，按住鼠标左键并拖曳鼠标到右边的图形上，如图 8-77 所示。松开鼠标，两个图形的调和效果如图 8-78 所示。

图 8-76　　　　　　　　　　　图 8-77　　　　　　　　　　　图 8-78

　　"调和"工具 的属性栏如图 8-79 所示。各选项的含义如下。

　　"调和步长"选项 20 ：可以设置调和的步数，效果如图 8-80 所示。

　　"调和方向" .0 ：可以设置调和的旋转角度，效果如图 8-81 所示。

　　　图 8-79　　　　　　　　　　图 8-80　　　　　　　　图 8-81

　　"环绕调和" ：调和的图形除了自身旋转外，同时将以起点图形和终点图形的中间位置为旋转中心做旋转分布，如图 8-82 所示。

　　"直接调和" 、"顺时针调和" 、"逆时针调和" ：设定调和对象之间颜色过渡的方向，效果如图 8-83 所示。

　　　　　　　　　　　　　　　　　a.顺时针调和　　　　　　　b.逆时针调和

　　　图 8-82　　　　　　　　　　图 8-83

　　"对象和颜色加速" ：调整对象和颜色的加速属性。单击此按钮，弹出如图 8-84 所示的对话框，拖曳滑块到需要的位置，对象加速调和效果如图 8-85 所示，颜色加速调和效果如图 8-86 所示。

　　　图 8-84　　　　　　　　　　图 8-85　　　　　　　　图 8-86

　　"调整加速大小" ：可以控制调和的加速属性。

"起始和结束属性" : 可以显示或重新设定调和的起始及终止对象。

"路径属性" : 使调和对象沿绘制好的路径分布。单击此按钮弹出如图 8-87 所示的菜单，选择 "新路径" 选项，鼠标的指针变为 ，在新绘制的路径上单击，如图 8-88 所示。沿路径进行调和的效果如图 8-89 所示。

"更多调和选项" : 可以进行更多的调和设置。单击此按钮弹出如图 8-90 所示的菜单。"映射节点" 按钮，可指定起始对象的某一节点与终止对象的某一节点对应，以产生特殊的调和效果。"拆分" 按钮，可将过渡对象分割成独立的对象，并可与其他对象进行再次调和。勾选 "沿全路径调和" 复选框，可以使调和对象自动充满整个路径。勾选 "旋转全部对象" 复选框，可以使调和对象的方向与路径一致。

图 8-87 图 8-88 图 8-89 图 8-90

8.2.5 制作阴影效果

阴影效果是经常使用的一种特效，使用 "阴影" 工具 可以快速给图形制作阴影效果，还可以设置阴影的透明度、角度、位置、颜色和羽化程度。下面介绍如何制作阴影效果。

打开一个图形，使用 "选择" 工具 选取，如图 8-91 所示。再选择 "阴影" 工具 ，将鼠标指针放在图形上，按住鼠标左键并向阴影投射的方向拖曳鼠标，如图 8-92 所示。到需要的位置后松开鼠标，阴影效果如图 8-93 所示。

图 8-91 图 8-92 图 8-93

拖曳阴影控制线上的 图标，可以调节阴影的透光程度。拖曳时越靠近□图标，透光度越小，阴影越淡，效果如图 8-94 所示。拖曳时越靠近■图标，透光度越大，阴影越浓，效果如图 8-95 所示。

图 8-94

图 8-95

"阴影"工具 的属性栏如图 8-96 所示。各选项的含义如下。

"预设列表" 预设... ▾：选择需要的预设阴影效果。单击预设框后面的 + 或 - 按钮，可以添加或删除预设框中的阴影效果。

"阴影偏移" -11.874 mm / 6.237 mm、"阴影角度" 125 +：可以设置阴影的偏移位置和角度。

"阴影延展" 50 +、"阴影淡出" 0 +：可以调整阴影的长度和边缘的淡化程度。

"阴影的不透明" 50 +：可以设置阴影的不透明度。

"阴影羽化" 15 +：可以设置阴影的羽化程度。

"羽化方向" ▸：可以设置阴影的羽化方向。单击此按钮可弹出"羽化方向"设置区，如图 8-97 所示。

"羽化边缘" ▫：可以设置阴影的羽化边缘模式。单击此按钮可弹出"羽化边缘"设置区，如图 8-98 所示。

"阴影颜色" ▾：可以改变阴影的颜色。

图 8-96

图 8-97

图 8-98

8.2.6　课堂案例——制作音乐卡片

【案例学习目标】学习使用矩形工具和透明工具制作音乐卡片。

【案例知识要点】使用矩形工具和透明度工具制作按钮图形；使用文本工具输入文字；使用形状工具调整文字间距。音乐卡片效果如图 8-99 所示。

【效果所在位置】光盘/Ch08/效果/制作音乐卡片.cdr。

（1）选择"文件 > 打开"命令，弹出"打开"对话框。选择光盘中的"Ch08 > 素材 > 制作音乐卡片 > 01"文件，单击"打开"按钮，在页面中打开图片，效果如图 8-100 所示。

图 8-99

（2）选择"矩形"工具 □，绘制一个矩形。在属性栏中将"圆角半径"选项设为 3.7mm，如图 8-101 所示。按 Enter 键，效果如图 8-102 所示。

图 8-100 　　　　　　　　　　　　　　图 8-101 　　　　　　　　　　　　　　图 8-102

（3）在"CMYK 调色板"中的"青"色块上单击鼠标，填充图形，并去除图形的轮廓线，效果如图 8-103 所示。用上述所讲的方法，再绘制一个圆角矩形，填充为白色，并去除图形的轮廓线，效果如图 8-104 所示。

（4）选择"透明度"工具 ，在白色矩形上从上向下拖曳指针，为图形添加透明效果。在属性栏中进行设置，如图 8-105 所示，按 Enter 键，效果如图 8-106 所示。

图 8-103 　　　　　　图 8-104 　　　　　　　　　　图 8-105 　　　　　　　　图 8-106

（5）选择"选择"工具 ，用圈选的方法将青色块和透明块图形同时选取，在数字键盘上按+键，复制图形。按住 Shift 键的同时，垂直向下拖曳图形到适当的位置，效果如图 8-107 所示。用相同的方法再次复制图形，并向下拖曳到适当的位置，效果如图 8-108 所示。

（6）选择"选择"工具 ，选取第二个青色块图形，在"CMYK 调色板"中的"洋红"色块上单击鼠标，填充图形，效果如图 8-109 所示。单击选取第三个青色块图形，在"CMYK 调色板"中的"橘红"色块上单击鼠标，填充图形，效果如图 8-110 所示。

图 8-107 　　　　　　　　图 8-108 　　　　　　　　　　图 8-109 　　　　　　　　图 8-110

（7）选择"文本"工具 ，分别输入需要的文字。选择"选择"工具 ，在属性栏中分别选择合适的字体并设置文字大小，填充文字为白色，效果如图 8-111 所示。选择"形状"工具 ，选取文字"轻音乐"，向右拖曳文字下方的 图标，调整文字的间距，效果如图 8-112 所示。

（8）按 Ctrl+I 组合键，弹出"导入"对话框，选择光盘中的"Ch08 ＞ 素材 ＞ 制作音乐卡片 ＞

02"文件，单击"导入"按钮，在页面中单击导入图片，将其拖曳到适当的位置，效果如图 8-113 所示。选择"选择"工具 ，连续两次单击数字键盘上的+键，复制图形，并分别拖曳到适当的位置，效果如图 8-114 所示。音乐卡片制作完成，效果如图 8-115 所示。

图 8-111　　　　图 8-112　　　　图 8-113　　　　图 8-114　　　　图 8-115

8.2.7　设置透明效果

使用"透明度"工具 可以制作出如均匀、渐变、图案和底纹等许多漂亮的透明效果。

绘制并填充两个图形，选择"选择"工具 ，选择右侧的图形，如图 8-116 所示。选择"透明度"工具 ，在属性栏中的"透明度类型"下拉列表中选择一种透明类型，如图 8-117 所示。右侧图形的透明效果如图 8-118 所示。用"选择"工具 将右侧的图形选中并拖放到左侧的图案上，效果如图 8-119 所示。

图 8-116　　　　　　　　　　　图 8-117

图 8-118　　　　　　　　　　　图 8-119

透明属性栏中各选项的含义如下。

　　　、常规 　▼：选择透明类型和透明样式。

"开始透明度" 50 ＋：拖曳滑块或直接输入数值，可以改变对象的透明度。

"透明度目标"选项 ：设置应用透明度到"填充""轮廓"或"全部"效果。

"冻结透明度"按钮 ：冻结当前视图的透明度。

"编辑透明度" ：打开"渐变透明度"对话框，可以对渐变透明度进行具体的设置。

"复制透明度属性" ：可以复制对象的透明效果。

"无透明度" ⊠：可以清除对象中的透明效果。

8.2.8　编辑轮廓效果

轮廓效果是由图形中向内部或者外部放射的层次效果，它由多个同心线圈组成。下面介绍如何制作轮廓效果。

绘制一个图形，如图 8-120 所示。在图形轮廓上方的节点上单击鼠标右键，并向内拖曳指针至需要的位置，松开鼠标左键，效果如图 8-121 所示。

"轮廓"工具的属性栏如图 8-122 所示。各选项的含义如下。

图 8-120　　　　　　图 8-121　　　　　　　　　图 8-122

"预设列表"选项[预设...▼]：选择系统预设的样式。

"内部轮廓"按钮▣、"外部轮廓"按钮▣：使对象产生向内和向外的轮廓图。

"到中心"按钮▣：根据设置的偏移值一直向内创建轮廓图，效果如图 8-123 所示。

内部轮廓　　　　　　到中心　　　　　　外部轮廓

图 8-123

"轮廓图步长"选项[1]和"轮廓图偏移"选项[5.0 mm]：设置轮廓图的步数和偏移值，如图 8-124 和图 8-125 所示。

"轮廓色"选项▣▼：设定最内一圈轮廓线的颜色。

"填充色"选项▣▼：设定轮廓图的颜色。

图 8-124　　　　　　　　　　　　　　　　　图 8-125

8.2.9 课堂案例——绘制菊花

【案例学习目标】使用几何图形工具、绘制曲线工具、调和工具和变形工具绘制菊花。

【案例知识要点】使用多边形工具、变形工具和椭圆形工具制作花形。使用贝塞尔工具、调和工具、3 点椭圆形工具和阴影工具制作花瓶效果。使用矩形工具、形状工具、图框精确剪裁效果和导入命令制作背景效果。菊花效果如图 8-126 所示。

图 8-126

【效果所在位置】光盘/Ch08/效果/绘制菊花.cdr。

（1）按 Ctrl+N 组合键，新建一个 A4 页面。选择"贝塞尔"工具 ，在页面中适当的位置绘制 3 个不规则图形，在属性栏中设置适当的轮廓宽度，如图 8-127 所示。由左到右分别设置 3 个图形颜色的 CMYK 值为：（20、0、60、0）、（60、0、60、20）、（40、0、100、0），分别填充图形，效果如图 8-128 所示。

（2）选择"手绘"工具 ，分别在需要的图形上绘制曲线，并在"CMYK 调色板"中的"白"色块上单击鼠标右键，填充曲线，效果如图 8-129 所示。

图 8-127   图 8-128   图 8-129

（3）选择"多边形"工具 ，在属性栏中的"点数或边数" 框中设置数值为 10，在页面中绘制一个十边形，在属性栏中设置适当的轮廓宽度，如图 8-130 所示。填充图形为白色并在"CMYK 调色板"中的"草绿"色块上单击鼠标右键，填充图形的轮廓线，效果如图 8-131 所示。

（4）选择"变形"工具 ，在属性栏中单击"推拉变形"按钮 ，在十边形内由中部向左拖曳指针，如图 8-132 所示，松开鼠标左键，十边形变为花形，效果如图 8-133 所示。

图 8-130   图 8-131   图 8-132   图 8-133

（5）选择"选择"工具 ，按数字键盘上的+键复制一个花形，调整其大小和位置，如图 8-134 所示。在"CMYK 调色板"中的"浅黄"色块上单击鼠标左键，填充图形，效果如图 8-135 所示。使用圈选的方法将两个花形同时选取，将其拖曳到适当的位置，效果如图 8-136 所示。

图 8-134　　　　　　　图 8-135　　　　　　　图 8-136

（6）选择"选择"工具 ，选取上方的花形，按数字键盘上+键，复制一个花形，调整其大小并拖曳到适当的位置，效果如图 8-137 所示。连续按 Ctrl+PageDown 组合键，将花形向后移动到适当的位置，效果如图 8-138 所示。在"CMYK 调色板"中的"深黄"色块上单击鼠标左键，填充图形，并填充图形的轮廓线为黑色，效果如图 8-139 所示。

图 8-137　　　　　　　图 8-138　　　　　　　图 8-139

（7）选择"椭圆形"工具 ，按住 Ctrl 键的同时，绘制一个圆形，如图 8-140 所示。在"CMYK 调色板"中的"黄"色块上单击鼠标左键，填充图形，效果如图 8-141 所示。

（8）选择"选择"工具 ，选取花图形，如图 8-142 所示。按数字键盘上+键，复制一个图形，在"CMYK 调色板"中的"浅橘红"色块上单击鼠标左键，填充图形，拖曳复制的图形到适当位置并调整其大小，效果如图 8-143 所示。

图 8-140　　　　　　图 8-141　　　　　　图 8-142　　　　　　图 8-143

（9）按数字键盘上的+键，复制一个图形，拖曳复制的图形到适当的位置并调整其大小，如图 8-144 所示。在"CMYK 调色板"中的"浅黄"色块上单击鼠标左键，填充图形，在"草绿"色块上单击鼠标右键，填充图形的轮廓线，效果如图 8-145 所示。使用上述所讲的方法，按需要复制多个花形，分别填充适当的颜色并调整其位置和大小，效果如图 8-146 所示。

（10）选择"贝塞尔"工具 ，在页面中适当的位置绘制 3 个不规则图形，如图 8-147 所示。由左到右分别设置 3 个图形颜色的 CMYK 值为：（40、0、100、0）、（60、0、60、20）、（20、0、60、0），分别填充图形，效果如图 8-148 所示。选择"手绘"工具 ，分别在图形上绘制曲线，并在"CMYK 调色板"中的"白"色块上单击鼠标右键，填充曲线，效果如图 8-149 所示。

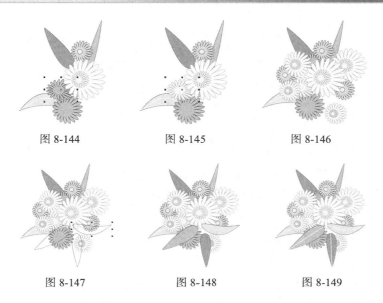

图 8-144　　　　　　　图 8-145　　　　　　　图 8-146

图 8-147　　　　　　　图 8-148　　　　　　　图 8-149

（11）选择"选择"工具 ，选取叶子及曲线图形，按 Ctrl+G 组合键将其群组，如图 8-150 所示。拖曳群组图形到适当的位置，连续按 Ctrl+PageDown 组合键，将群组图形向后移动到适当的位置，效果如图 8-151 所示。使用相同的方法分别将另外两片叶子图形拖曳到适当的位置并调整其前后顺序，效果如图 8-152 所示。

图 8-150　　　　　　　图 8-151　　　　　　　图 8-152

（12）选择"贝塞尔"工具 ，在页面中绘制花瓶图形的轮廓线，如图 8-153 所示。在"CMYK调色板"中的"深黄"色块上单击鼠标左键，填充图形，在"无填充"按钮 上单击鼠标右键，去除图形的轮廓线，效果如图 8-154 所示。

图 8-153　　　　　　　图 8-154

（13）选择"椭圆形"工具 ，在适当的位置绘制一个椭圆形，填充图形为白色，并去除图形的轮廓线，效果如图 8-155 所示。选择"调和"工具 ，在白色椭圆形和花瓶图形之间拖曳指针，在属性栏中的设置如图 8-156 所示，按 Enter 键，效果如图 8-157 所示。

图 8-155   图 8-156   图 8-157

（14）选择"3 点椭圆形"工具，在页面中绘制一个椭圆形，如图 8-158 所示。按 F11 键，弹出"编辑填充"对话框，将"起点"颜色的 CMYK 值设置为：0、0、0、20，"终点"颜色的 CMYK 值设置为：0、0、0、0，其他选项的设置如图 8-159 所示，单击"确定"按钮，填充图形，并去除图形的轮廓线，效果如图 8-160 所示。

图 8-158   图 8-159   图 8-160

（15）使用相同的方法再绘制一个椭圆形，填充图形相应的渐变色，效果如图 8-161 所示。选择"选择"工具，使用圈选的方法将椭圆形和调和图形同时选取，按 Ctrl+G 组合键将其群组，效果如图 8-162 所示。

（16）选择"阴影"工具，在图形对象中由上至下拖曳指针，为图形添加阴影效果，在属性栏中的设置如图 8-163 所示，按 Enter 键，效果如图 8-164 所示。

图 8-161   图 8-162   图 8-163   图 8-164

（17）双击"选择"工具，将所有的图形同时选取，按 Ctrl+G 组合键，将其群组，效果如图 8-165 所示。选择"3 点矩形"工具，在页面中绘制一个矩形，如图 8-166 所示。按 Ctrl+Q 组合键将图形转换为曲线。

图 8-165　　　　　　　　　　　图 8-166

（18）选择"形状"工具 ，单击矩形右上角的节点，如图 8-167 所示。按住鼠标左键拖曳节点到适当的位置，效果如图 8-168 所示。使用相同的方法调整其他节点到适当的位置，效果如图 8-169 所示。

图 8-167　　　　　　　　图 8-168　　　　　　　　图 8-169

（19）选择"选择"工具 ，在"CMYK 调色板"中的"黄"色块上单击鼠标左键，填充图形，并去除图形的轮廓线。按 Ctrl+PageDown 组合键，将图形向后移动一层，效果如图 8-170 所示。选取编组图形，选择"对象 > 图框精确剪裁 > 置于图文框内部"命令，鼠标的指针变为黑色箭头形状，在黄色图形上单击鼠标左键，如图 8-171 所示，将图形置入到黄色图形背景中，效果如图 8-172 所示。

（20）按 Ctrl+I 组合键，弹出"导入"对话框，选择光盘中的"Ch08 > 素材 > 绘制菊花 > 01"文件，单击"导入"按钮，在页面中单击导入图片，将其拖曳到适当的位置并调整其大小，效果如图 8-173 所示。菊花绘制完成。

图 8-170　　　　　　　图 8-171　　　　　　　图 8-172　　　　　　　图 8-173

8.2.10　使用变形效果

"变形"工具 可以使图形的变形操作更加方便。变形后可以产生不规则的图形外观，变形后的图形效果更具弹性、更加奇特。

选择"变形"工具 ，弹出如图 8-174 所示的属性栏，在属性栏中提供了 3 种变形方式："推拉变形" 、"拉链变形" 和"扭曲变形" 。

图 8-174

1．推拉变形

绘制一个图形，如图 8-175 所示。单击属性栏中的"推拉变形"按钮 ，在图形上按住鼠标左键并向左拖曳鼠标，如图 8-176 所示。变形的效果如图 8-177 所示。

图 8-175   图 8-176   图 8-177

在属性栏的"推拉振幅" 框中，可以输入数值来控制推拉变形的幅度。推拉变形的设置范围在 −200~200。单击"居中变形"按钮 ，可以将变形的中心移至图形的中心。单击"转换为曲线"按钮 ，可以将图形转换为曲线。

2．拉链变形

绘制一个图形，如图 8-178 所示。单击属性栏中的"拉链变形"按钮 ，在图形上按住鼠标左键并向左下方拖曳鼠标，如图 8-179 所示，变形的效果如图 8-180 所示。

图 8-178   图 8-179   图 8-180

在属性栏的"拉链失真振幅" 中，可以输入数值调整变化图形时锯齿的深度。单击"随机变形"按钮 ，可以随机地变化图形锯齿的深度。单击"平滑变形"按钮 ，可以将图形锯齿的尖角变成圆弧。单击"局部变形"按钮 ，在图形中拖曳鼠标，可以将图形锯齿的局部进行变形。

3．扭曲变形

绘制一个图形，效果如图 8-181 所示。选择"变形"工具 ，单击属性栏中的"扭曲变形"按钮 ，在图形中按住鼠标左键并转动鼠标，如图 8-182 所示，变形的效果如图 8-183 所示。

单击属性栏中的"添加新的变形"按钮 ，可以继续在图形中按住鼠标左键并转动鼠标，制作新的变形效果。单击"顺时针旋转"按钮 和"逆时针旋转"按钮 ，可以设置旋转的方向。在"完全旋转" 9 文本框中可以设置完全旋转的圈数。在"附加角度" 0 文本框中可以设置旋转的角度。

图 8-181　　　　　　　　　图 8-182　　　　　　　　　图 8-183

8.2.11　封套效果

使用"封套"工具 可以快速建立对象的封套效果，使文本、图形和位图都可以产生丰富的变形效果。

打开一个要制作封套效果的图形，如图 8-184 所示。选择"封套"工具 ，单击图形，图形外围显示封套的控制线和控制点，如图 8-185 所示。用鼠标拖曳需要的控制点到适当的位置并松开鼠标左键，可以改变图形的外形，如图 8-186 所示。选择"选择"工具 并按 Esc 键，取消选取，图形的封套效果如图 8-187 所示。

图 8-184　　　　　　　图 8-185　　　　　　　图 8-186　　　　　　　图 8-187

在属性栏的"预设列表" 预设... 中可以选择需要的预设封套效果。"直线模式"按钮 、"单弧模式"按钮 、"双弧模式"按钮 和"非强制模式"按钮 为 4 种不同的封套编辑模式。"映射模式" 自由变形 列表框包含 4 种映射模式，分别是"水平"模式、"原始"模式、"自由变形"模式和"垂直"模式。使用不同的映射模式可以使封套中的对象符合封套的形状，制作出所需的变形效果。

8.2.12　使用透镜效果

在 CorelDRAW X7 中，使用透镜可以制作出多种特殊效果。下面介绍使用透镜的方法和效果。

打开一个图形，使用"选择"工具 选取图形，如图 8-188 所示。选择"效果 > 透镜"命令，或按 Alt+F3 组合键，弹出"透镜"泊坞窗，如图 8-189 所示进行设定，单击"应用"按钮，效果如图 8-190 所示。

图 8-188   图 8-189   图 8-190

在"透镜"泊坞窗中有"冻结""视点"和"移除表面"3 个复选框，选中它们可以设置透镜效果的公共参数。

"冻结"复选框：可以将透镜下面的图形产生的透镜效果添加成透镜的一部分。产生的透镜效果不会因为透镜或图形的移动而改变。

"视点"复选框：可以在不移动透镜的情况下，只弹出透镜下面对象的一部分。单击"视点"后面的"编辑"按钮，在对象的中心出现 x 形状，拖曳 x 形状可以移动视点。

"移除表面"复选框：透镜将只作用于下面的图形，没有图形的页面区域将保持通透性。

选项：单击列表框弹出"透镜类型"下拉列表，如图 8-191 所示。在"透镜类型"下拉列表中的透镜上单击鼠标左键，可以选择需要的透镜。选择不同的透镜，再进行参数的设定，可以制作出不同的透镜效果。

图 8-191

课堂练习——制作葡萄酒广告

【练习知识要点】使用渐变填充工具、透明度工具和图框精确剪裁命令制作背景效果；使用椭圆形工具、转换为位图命令和高斯式模糊命令制作光影效果；使用文本工具添加文字。葡萄酒广告效果如图 8-192 所示。

【素材所在位置】光盘/Ch08/素材/制作葡萄酒广告/01~05。

【效果所在位置】光盘/Ch08/效果/制作葡萄酒广告.cdr。

图 8-192

课后习题——制作牛奶包装

【习题知识要点】使用矩形工具和图框精确剪裁命令制作包装正面效果；使用插入条形码命令制作条形码；使用选择工具群组包装各面图形；使用透视特效制作图片的立体效果；使用透明度命令制作包装的倒影。牛奶包装效果如图 8-193 所示。

【素材所在位置】光盘/Ch08/素材/制作牛奶包装/01~06。

【效果所在位置】光盘/Ch08/效果/制作牛奶包装。

图 8-193

第9章
商业案例实训

本章的综合设计实训案例根据商业设计项目真实情境来训练学生如何利用所学知识完成商业设计项目。通过多个商业设计项目案例的演练，使学生进一步牢固掌握CorelDRAW X7 的强大操作功能和使用技巧，并应用好所学技能制作出专业的商业设计作品。

课堂学习目标

- 掌握海报设计——冰淇淋海报的制作方法
- 掌握宣传单设计——商场宣传单的制作方法
- 掌握广告设计——网页广告的制作方法
- 掌握杂志设计——摄影杂志封面的制作方法
- 掌握书籍封面设计——旅游书籍封面的制作方法
- 掌握包装设计——婴儿奶粉包装的制作方法

9.1　海报设计——制作冰淇淋海报

9.1.1　项目背景及要求

1．客户名称

琪琪霜冰淇淋。

2．客户需求

琪琪霜冰淇淋是一个刚刚推出的冰淇淋品牌，其品牌冰淇淋奶味醇香、口感极佳，刚刚面世就受到了大众的欢迎，为了提升知名度需要制作一款宣传海报，能够适用于街头派发、橱窗及公告栏展示，要求根据品牌的形象与定位进行设计制作。

3．设计要求

（1）包装风格要求符合冰淇淋的特色，以甜美可爱为主要设计元素。

（2）以介绍和宣传冰淇淋产品为主，使观看者一目了然。

（3）色彩丰富艳丽，提取冰淇淋的色彩元素进行搭配。

（4）将标题字体进行设计制作，使其在画面中效果突出。

（5）设计规格均为 210mm（宽）×297mm（高），分辨率为 300 dpi。

9.1.2　项目创意及流程

1．素材资源

图片素材所在位置：光盘中的"Ch09/素材/制作冰淇淋海报/01~06"。

文字素材所在位置：光盘中的"Ch09/素材/制作冰淇淋海报/文字文档"。

2．设计流程

图 9-1

3．制作要点

使用贝塞尔工具、调和工具和图框精确剪裁命令制作装饰图形；使用文本工具添加文字，使用轮廓工具制作文字效果。

9.1.3 案例制作及步骤

（1）按 Ctrl+N 组合键，新建一个 A4 页面。按 Ctrl+I 组合键，弹出"导入"对话框，选择光盘中的"Ch09> 素材 > 制作冰淇淋海报 > 01、04"文件，单击"导入"按钮，在页面中分别单击导入图片，调整其大小，并拖曳到适当的位置，效果如图 9-2 所示。

（2）按 Ctrl+I 组合键，弹出"导入"对话框，选择光盘中的"Ch09 > 素材 > 制作冰淇淋海报 > 02"文件，单击"导入"按钮，在页面中单击导入图片，如图 9-3 所示。

图 9-2　　　　　　　　　　　　　　　图 9-3

（3）按 Ctrl+U 组合键取消群组。选择"选择"工具 ，选取需要的图形，如图 9-4 所示。拖曳到适当的位置，并调整其大小，效果如图 9-5 所示。用相同的方法拖曳其他图形到适当的位置，并调整其大小和角度，效果如图 9-6 所示。

图 9-4　　　　　　　　　　图 9-5　　　　　　　　　　图 9-6

（4）选择"钢笔"工具 ，在适当的位置绘制一个图形，设置图形颜色的 CMYK 值为 1、89、13、0，填充图形。填充轮廓色为白色，在属性栏中的"轮廓宽度" 框中设置数值为 2mm，按 Enter 键，效果如图 9-7 所示。

（5）选择"矩形"工具 ，在适当的位置绘制一个矩形，如图 9-8 所示。设置图形颜色的 CMYK 值为 7、81、2、0，填充图形，并去除图形的轮廓线，效果如图 9-9 所示。

（6）选择"矩形"工具 ，再绘制一个矩形，如图 9-10 所示。设置图形颜色的 CMYK 值为 33、87、10、0，填充图形，并去除图形的轮廓线，效果如图 9-11 所示。

图 9-7　　　　　　　　　　　图 9-8　　　　　　　　　　　图 9-9

图 9-10　　　　　　　　　　　图 9-11

（7）选择"选择"工具 ，再次单击矩形图形，使其处于旋转状态，如图 9-12 所示。向右拖曳上方中间的控制手柄到适当的位置，倾斜图形，效果如图 9-13 所示。用同样的方法制作出如图 9-14 所示的效果。

图 9-12　　　　　　　　　　　图 9-13　　　　　　　　　　　图 9-14

（8）选择"调和"工具 ，在两个矩形之间拖曳鼠标，如图 9-15 所示，在属性栏中进行如图 9-16 所示的设置，按 Enter 键，效果如图 9-17 所示。用上述的方法制作其他图形效果，如图 9-18 所示。

图 9-15　　　　　　　　　　　图 9-16

图 9-17　　　　　　　　　　　图 9-18

（9）选择"选择"工具 ，用圈选的方法将需要的图形同时选取，如图 9-19 所示。选择"对象 ＞

图框精确剪裁 ＞ 置于图文框内部"命令，鼠标指针变为黑色箭头，在图形上单击，如图 9-20 所示，将图形置入容器中，如图 9-21 所示。

图 9-19   图 9-20   图 9-21

（10）按 Ctrl+I 组合键，弹出"导入"对话框，选择光盘中的"Ch09 ＞ 素材 ＞ 制作冰淇淋海报 ＞ 03"文件，单击"导入"按钮，在页面中单击导入图片，将其拖曳到适当的位置，效果如图 9-22 所示。连续按 Ctrl+PageDown 组合键，将其后移，效果如图 9-23 所示。

图 9-22   图 9-23

（11）用圈选的方法将需要的图形同时选取，如图 9-24 所示。按 Ctrl+G 组合键将其编组。双击"矩形"工具 ，绘制一个与页面大小相等的矩形。按 Shift+PageUp 组合键，将其置于图层前面，如图 9-25 所示。

图 9-24   图 9-25

（12）选择"选择"工具 ，将需要的图形同时选取，如图 9-26 所示。选择"对象 ＞ 图框精确剪裁 ＞ 置于图文框内部"命令，鼠标指针变为黑色箭头，在矩形上单击，如图 9-27 所示，将编组对象置入矩形中，并去除矩形的轮廓线，如图 9-28 所示。

（13）按 Ctrl+I 组合键，弹出"导入"对话框，选择光盘中的"Ch09 ＞ 素材 ＞ 制作冰淇淋海报 ＞ 05、06"文件，单击"导入"按钮，在页面中分别单击导入图片，将其拖曳到适当的位置，效果如图 9-29 所示。

| 图 9-26 | 图 9-27 | 图 9-28 | 图 9-29 |

（14）选择"文本"工具，在页面中输入需要的文字，选择"选择"工具，在属性栏中选取适当的字体并设置文字大小，填充文字为白色，效果如图 9-30 所示。选择"文本"工具，选取需要的文字，如图 9-31 所示，在属性栏中设置适当的文字大小，效果如图 9-32 所示。

| 图 9-30 | 图 9-31 | 图 9-32 |

（15）选择"轮廓图"工具，在文字上拖曳指针到适当的位置，如图 9-33 所示。在属性栏中将"填充色"选项的 CMYK 的值设为 39、100、43、0，其他选项的设置如图 9-34 所示，按 Enter键，效果如图 9-35 所示。按 Ctrl+K 组合键，拆分轮廓对象。按 Ctrl+U 组合键取消编组。

| 图 9-33 | 图 9-34 | 图 9-35 |

（16）选择"选择"工具，选取需要的图形，如图 9-36 所示。设置图形颜色的 CMYK 值为0、92、8、0，填充图形，效果如图 9-37 所示。用圈选的方法将需要的图形同时选取，如图 9-38所示。按 Ctrl+G 组合键将其群组。

| 图 9-36 | 图 9-37 | 图 9-38 |

（17）选择"文本"工具，在页面中输入需要的文字，选择"选择"工具，在属性栏中选取适当的字体并设置文字大小，填充文字为白色，效果如图 9-39 所示。选择"轮廓图"工具，在

文字上拖曳光标，为文字添加轮廓图效果。在属性栏中将"填充色"选项的 CMYK 的值设为 39、100、43、0，其他选项的设置如图 9-40 所示，按 Enter 键，效果如图 9-41 所示。按 Ctrl+K 组合键拆分轮廓对象。按 Ctrl+U 组合键取消编组。

图 9-39

图 9-40

图 9-41

（18）选择"选择"工具，选取需要的图形，如图 9-42 所示。设置图形颜色的 CMYK 值为 0、92、8、0，填充图形，效果如图 9-43 所示。用圈选的方法将需要的图形同时选取，如图 9-44 所示。按 Ctrl+G 组合键将其编组。

图 9-42

图 9-43

图 9-44

（19）在群组图形上单击鼠标左键，使其处于旋转状态，如图 9-45 所示，向下拖曳群组图形左上方的控制手柄到适当的位置，将其旋转，并将图形拖曳到适当的位置，效果如图 9-46 所示。用相同的方法制作其他文字效果，如图 9-47 所示。冰淇淋海报制作完成。

图 9-45

图 9-46

图 9-47

课堂练习 1——制作手机海报

练习 1.1 【项目背景及要求】

1.客户名称
拍照手机专营店。

2．客户需求

拍照手机专营店是一家专卖拍照手机的手机卖场。手机店最新推出了手机促销活动，需要制作宣传单，能够适用于街头派发、橱窗及公告栏展示。海报要求内容丰富，重点宣传此次优惠活动。

3．设计要求

（1）海报要求内容突出，重点宣传此次优惠活动。

（2）添加手机图像，与文字一起构成丰富的画面。

（3）海报设计要求主次分明，将文字进行具有特色的设计，使消费者快速了解优惠信息。

（4）要求画面对比感强烈，能迅速吸引人们注意。

（5）设计规格均为 210mm（宽）×　297mm（高）。

练习 1.2　【项目创意及制作】

1．素材资源

图片素材所在位置：光盘中的"Ch09/素材/制作手机海报/01~03"。

2．作品参考

设计作品参考效果所在位置：光盘中的"Ch09/效果/制作手机海报.cdr"，效果如图 9-48 所示。

3．制作要点

使用贝塞尔工具和图框精确剪裁命令制作背景效果；使用文本工具、贝塞尔工具、形状工具和编辑锚点按钮制作宣传文字；使用转换为位图命令制作文字的背景效果；使用轮廓图工具制作文字的立体效果；使用导入命令导入产品图片。

图 9-48

课堂练习 2——制作音乐会海报

练习 2.1　【项目背景及要求】

1．客户名称

法克传媒。

2．客户需求

法克传媒是一家投资及运营电影、电视剧、艺人经纪、唱片、娱乐营销等领域的传媒公司，并且在这些领域都取得了不错的成绩，目前公司即将举办"激情之夜"的主题音乐会，要求制作一张海报用于宣传，要求海报制作动感、欢快。

3．设计要求

（1）海报风格要求具有时尚、欢快的风格特色。

（2）要求整个海报的形式以插画表现，独具特色。

（3）重点宣传本次活动，内容详细，重点内容要求突出表现。

（4）色彩艳丽，通过色彩丰富的变化表现音乐的动感与活力。

（5）设计规格均为 130 mm（宽）×180 mm（高），分辨率为 300 dpi。

练习 2.2　【项目创意及制作】

1．素材资源
图片素材所在位置：光盘中的"Ch09/素材/制作音乐会海报/01~04"。
文字素材所在位置：光盘中的"Ch09/素材/制作音乐会海报/文字文档"。
2．作品参考
设计作品参考效果所在位置：光盘中的"Ch09/效果/制作音乐会海报.cdr"，
效果如图 9-49 所示。
3．制作要点
使用矩形工具和添加透镜命令制作图形变形；使用复制命令和透明度工具
制作背景的扩散效果；使用文本工具、形状工具和轮廓图工具制作宣传文字；
使用椭圆形工具和调和工具绘制装饰图形。

图 9-49

课后习题 1——制作抽奖海报

习题 1.1　【项目背景及要求】

1．客户名称
乐游乐时尚购物。
2．客户需求
乐游乐时尚购物是一家品牌服饰专卖店，在盛夏到来之际，乐游乐时尚购
物推出"幸运抽大奖"的活动，需要针对本次活动制作一款海报，海报要求将
本次活动内容表现清楚明了，并且能够让人感到耳目一新。
3．设计要求
（1）海报的风格能够让人感受到清凉、舒适。
（2）标题设计醒目，能够快速吸引大众的视线。
（3）海报的色彩丰富明艳，能够增强画面的视觉效果。
（4）设计规格均为 130 mm（宽）×180 mm（高），分辨率为 300 dpi。

图 9-50

习题 1.2　【项目创意及制作】

1．素材资源
图片素材所在位置：光盘中的"Ch09/素材/制作抽奖海报/01~05"。
文字素材所在位置：光盘中的"Ch09/素材/制作抽奖海报/文字文档"。
2．作品参考
设计作品参考效果所在位置：光盘中的"Ch09/效果/制作抽奖海报.cdr"，效果如图 9-50 所示。

3. 制作要点

使用文本工具、轮廓图工具和合并命令制作标题文字；使用贝塞尔工具绘制装饰图形；使用文本工具添加文字。

课后习题 2——制作招聘海报

习题 2.1　【项目背景及要求】

1.客户名称

中国南北文化出版社。

2.客户需求

中国南北文化出版社是一家为广大读者及出版界提供品种丰富、文化含量高、地域广阔的优质图书出版社。出版社目前要招聘青春文学部门的编辑，需要制作招聘海报，用于橱窗公告栏展示及网站展示。

3.设计要求

（1）海报要求色彩丰富，吸引视线。

（2）运用色块，与文字一起构成丰富的画面。

（3）设计要求表现本部门风趣、活泼的风格，色彩鲜艳，给人以热闹的视觉信息。

图 9-51

（4）要求将文字进行具有特色的排列，使人们快速了解招聘信息。

（5）设计规格均为 210mm（宽）× 297mm（高）。

习题 2.2　【项目创意及制作】

1.作品参考

设计作品参考效果所在位置：光盘中的"Ch10/效果/制作招聘海报.cdr"，效果如图 9-51 所示。

2.制作要点

使用矩形工具、轮廓图工具和图框精确剪裁命令制作背景效果；使用文本工具和文本属性泊坞窗添加宣传文字；使用贝塞尔工具绘制装饰图形。

9.2　宣传单设计——制作商城宣传单

9.2.1　项目背景及要求

1. 客户名称

桥西百货商场。

2．客户需求

桥西百货商场即将开业并且举办欢庆活动，要求设计商场促销宣传单，能够适用于街头派发，橱窗及公告栏展示，海报的语言要求简明扼要，形式要做到新颖美观，突出宣传促销卖点，使消费者能够快速接收到促销信息。

3．设计要求

（1）要求海报将活动的性质、内容及形式进行明确的介绍。

（2）画面要求突出活动标题、图形，使用深色的背景，衬托宣传单内容。

（3）宣传单的内容全面详细，版面丰富，富有变化。

（4）信息提炼明确，抓住宣传要点。

（5）设计规格均为 85mm（宽）×130mm（高），分辨率为 300 dpi。

9.2.2　项目创意及流程

1．素材资源

图片素材所在位置：光盘中的"Ch09/素材/制作商城宣传单/01~06"。

文字素材所在位置：光盘中的"Ch09/素材/制作商城宣传单/文字文档"。

2．设计流程

图 9-52

3．制作要点

本例将使用文本工具、轮廓笔命令和阴影工具制作标题文字效果。使用矩形工具和形状工具绘制装饰图形。使用文本工具添加文字。使用插入符号字符命令插入装饰图形。

9.2.3　案例制作及步骤

（1）选择"文件 > 打开"命令，弹出"打开绘图"对话框。选择"Ch09 > 素材 > 制作商城宣传单 > 01"文件，单击"打开"按钮，效果如图 9-53 所示。

（2）选择"文本"工具 ，输入需要的文字。选择"选择"工具 ，在属性栏中选择合适的字体并设置文字大小，在"CMYK 调色板"中的"红"色块上单击鼠标右键，填充文字，效果如图 9-54 所示。

图 9-53　　　　　　　　　　图 9-54

（3）按 F12 键，弹出"轮廓笔"对话框，在"颜色"选项中设置轮廓线颜色为白色，其他选项的设置如图 9-55 所示，单击"确定"按钮，效果如图 9-56 所示。

图 9-55　　　　　　　　　　　　　　图 9-56

（4）选择"阴影"工具，在文字上从上向下拖曳光标，为文字添加阴影效果。在属性栏中进行设置，如图 9-57 所示，按 Enter 键，效果如图 9-58 所示。

图 9-57　　　　　　　　　　　　　　图 9-58

（5）选择"2 点线"工具，按住 Shift 键的同时，绘制一条直线，如图 9-59 所示。选择"矩形"工具，绘制一个矩形。设置填充颜色的 CMYK 值为 99、100、62、61，填充图形，并去除图形的轮廓线，效果如图 9-60 所示。

图 9-59　　　　　　　　　　　　图 9-60

（6）按 Ctrl+Q 组合键将矩形转化为曲线。选择"形状"工具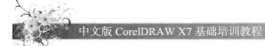，在矩形需要的位置双击鼠标，添加新的节点，效果如图 9-61 所示。用相同的方法在其他位置添加节点，如图 9-62 所示。选择需要的节点，将其向下拖曳到适当的位置，如图 9-63 所示。

| 图 9-61 | 图 9-62 | 图 9-63 |

（7）选择"文本"工具，输入需要的文字。选择"选择"工具，在属性栏中选择合适的字体并设置文字大小，填充文字为白色，效果如图 9-64 所示。

（8）选择"文本"工具，拖曳一个文本框，输入需要的文字。选择"选择"工具，在属性栏中选择合适的字体并设置文字大小，效果如图 9-65 所示。

图 9-64

图 9-65

（9）选择"选择"工具，选取需要的图形，如图 9-66 所示。按数字键盘上的+键，复制图形，并拖曳到适当的位置，如图 9-67 所示。

（10）在"CMYK 调色板"中的"无填充"按钮⊠上单击鼠标左键，去除图形的填充颜色。在"黑"色块上单击鼠标右键，为图形填充轮廓线颜色，效果如图 9-68 所示。

| 图 9-66 | 图 9-67 | 图 9-68 |

（11）选择"文本"工具，输入需要的文字。选择"选择"工具，在属性栏中选择合适的字体并设置文字大小。设置填充颜色的 CMYK 值为 99、100、62、61，填充文字，效果如图 9-69 所示。

（12）按 Ctrl+I 组合键，弹出"导入"对话框，选择光盘中的"Ch09 > 素材 > 制作商城宣传单 > 02"文件，单击"导入"按钮，在页面中单击导入图片，将其拖曳到适当的位置，效果如图 9-70 所示。

（13）选择"文本"工具，分别输入需要的文字。选择"选择"工具，分别在属性栏中选择合适的字体并设置文字大小，效果如图 9-71 所示。

图 9-69

图 9-70

图 9-71

（14）选择"选择"工具，选择文字"ONSALE"。选择"形状"工具，文字的编辑状态如图 9-72 所示，向左拖曳文字下方的图标调整字距，松开鼠标后，效果如图 9-73 所示。设置填充颜色的 CMYK 值为 20、80、0、20，填充文字，效果如图 9-74 所示。

图 9-72   图 9-73   图 9-74

（15）选择"选择"工具，选择文字"清到底"，如图 9-75 所示。按 F11 键，弹出"编辑填充"对话框，在"节点位置"选项中分别添加并输入 0、45、58、100 几个位置点，分别设置几个位置点颜色的 CMYK 值为 0（29、100、0、0）、45（34、100、4、0）、58（98、100、60、59）、100（100、100、62、61），其他选项的设置如图 9-76 所示，单击"确定"按钮，填充文字，效果如图 9-77 所示。

图 9-75   图 9-76   图 9-77

（16）选择"选择"工具，选择文字"另类的……"，填充为白色，文字效果如图 9-78 所示。选择"轮廓图"工具，在文字上向外侧拖曳光标，为文字添加轮廓化效果。单击属性栏中的"外部轮廓"按钮，将"填充色"选项设为黑色，其他选项的设置如图 9-79 所示，文字效果如图 9-80 所示。

图 9-78   图 9-79   图 9-80

（17）选择"选择"工具 ，按 Ctrl+K 组合键，将文字效果拆分。
选择需要的图形，如图 9-81 所示。按 F11 键，弹出"编辑填充"对话框，
在"节点位置"选项中分别添加并输入 0、35、100 几个位置点，分别设
置几个位置点颜色的 CMYK 值为 0（100、26、0、0）、35（100、100、0、0）、100（0、100、0、0），
其他选项的设置如图 9-82 所示，单击"确定"按钮，填充图形，效果如图 9-83 所示。

图 9-81

图 9-82

图 9-83

（18）选择"贝塞尔"工具 ，绘制线段，如图 9-84 所示。按 F12 键，弹出"轮廓笔"对话框，
在"颜色"选项中设置轮廓线颜色的 CMYK 值为 99、100、62、61，其他选项的设置如图 9-85 所
示，单击"确定"按钮，效果如图 9-86 所示。

图 9-84

图 9-85

图 9-86

（19）按 Ctrl+I 组合键，弹出"导入"对话框，选择光盘中的
"Ch09 > 素材 > 制作商城宣传单 > 03"文件，单击"导入"按钮，
在页面中单击导入图片，将其拖曳到适当的位置，效果如图 9-87
所示。

图 9-87

（20）选择"文本"工具 ，绘制一个文本框，输入需要的文
字。选择"选择"工具 ，在属性栏中选择合适的字体并设置文字
大小。设置文字颜色的 CMYK 值为 100、0、40、60，填充文字，效果如图 9-88 所示。选择"文本 >
文本属性"命令，在弹出的面板中进行设置，如图 9-89 所示，按 Enter 键，效果如图 9-90 所示。

图 9-88　　　　　　　　　　　　　图 9-89　　　　　　　　　　　　　图 9-90

（21）选择"2 点线"工具 ，按住 Shift 键的同时，绘制一条直线，如图 9-91 所示。设置轮廓线颜色的 CMYK 值为 100、0、40、60，填充直线，效果如图 9-92 所示。

图 9-91　　　　　　　　　　　　　　　　　　图 9-92

（22）选择"贝塞尔"工具 ，绘制一个图形。设置图形颜色的 CMYK 值为 100、0、40、60，填充图形，并去除图形的轮廓线，效果如图 9-93 所示。

（23）选择"文本"工具 ，分别输入需要的文字。选择"选择"工具 ，分别在属性栏中选择合适的字体并设置文字大小。设置文字颜色的 CMYK 值为 100、0、40、60，填充文字，效果如图 9-94 所示。

图 9-93　　　　　　　　　　　　　　　图 9-94

（24）选择"文本 > 插入字符"命令，弹出"插入字符"面板，选择需要的字符图形，如图 9-95所示，将其拖曳到页面适当的位置，并调整其大小和角度。设置图形颜色的 CMYK 值为 100、0、40、60，填充图形，效果如图 9-96 所示。商城宣传单制作完成，效果如图 9-97 所示。

图 9-95　　　　　　　　　　　　图 9-96　　　　　　　　　　　　图 9-97

课堂练习 1——制作房地产宣传单

练习 1.1 【项目背景及要求】

1. 客户名称

桂西花园城销售中心。

2.客户需求

桂西花园城是本市的一家新开楼盘，为了能够吸引更多的商户和居民进店咨询购买，需要制作宣传单，用于街头派发、橱窗公告栏展示及网站展示。要求构图合理，突出宣传信息。

3.设计要求

（1）宣传单要求构图合理，图文搭配和谐。

（2）使用楼房的形象，与文字一起构成丰富的画面。

（3）设计要求表现楼盘高端、沉稳的风格，色彩饱和度低，给人以安静、沉稳的视觉感受。

（4）要求将文字进行有设计地排版，使消费者快速了解内容信息。

（5）设计规格均为 210mm（宽）× 297mm（高）。

练习 1.2 【项目创意及制作】

1.素材资源

图片素材所在位置：光盘中的"Ch09/素材/制作房地产宣传单/01~06"。

2.作品参考

设计作品参考效果所在位置：光盘中的"Ch09/效果/制作房地产宣传单.cdr"，效果如图 9-98 所示。

3.制作要点

使用矩形工具、导入命令和图框精确剪裁命令制作背景效果；使用取消饱和度命令制作图片效果；使用魔王工具和文本属性泊坞窗添加宣传凉亭。

图 9-98

课堂练习 2——制作化妆品宣传单

练习 2.1 【项目背景及要求】

1. 客户名称

优莎化妆品有限公司。

2. 客户需求

优莎化妆品是一家专门经营女性高档化妆品的公司，在盛夏到来之际，公司现进行促销活动，需要制作一幅针对此次优惠活动的促销广告，要求针对促销宣传重点进行设计，达到宣传的目的。

3．设计要求

（1）宣传单的背景使用纯色，能够突出宣传重点。

（2）将折扣信息进行设计，能够吸引消费者的关注。

（3）将促销产品整齐排列，使画面看上去整齐有序。

（4）色彩搭配舒适，图文编排合理，使画面看上去丰富饱满。

（5）设计规格均为 210mm（宽）×297mm（高），分辨率为 300 dpi。

练习 2.2　【项目创意及制作】

1．素材资源

图片素材所在位置：光盘中的"Ch09/素材/制作化妆品宣传单/01~06"。

文字素材所在位置：光盘中的"Ch09/素材/制作化妆品宣传单/文字文档"。

2．作品参考

设计作品参考效果所在位置：光盘中的"Ch09/效果/制作化妆品宣传单.cdr"，效果如图 9-99 所示。

图 9-99

3．制作要点

使用文本工具和立体化工具制作标题文字；使用椭圆形、转换为位图命令和高斯式模糊命令制作文字投影；使用椭圆工具、合并命令和透明度工具绘制云朵图形。

课后习题 1——制作我为歌声狂宣传单

习题 1.1　【项目背景及要求】

1．客户名称

辛乐宇传媒。

2．客户需求

辛乐宇传媒是一家投资及运营艺人经纪、唱片、娱乐营销等领域的传媒公司，其举办的"我为歌声狂"活动已经三周年了，在三周年之际，公司决定再次举办该活动，需要为本次活动制作海报，海报要求体现青春活力。

3．设计要求

（1）海报风格时尚活泼、形式多样。

（2）在设计上使用鲜艳丰富的色彩，使画面看起来更具特色。

（3）画面中多使用插画形式丰富内容，使人感受到音乐的热情。

（4）海报整体能够让人感受到快乐，达到宣传的效果。

（5）设计规格均为 210mm（宽）×297 mm（高），分辨率为 300 dpi。

习题 1.2 【项目创意及制作】

1．素材资源

图片素材所在位置：光盘中的"Ch09/素材/制作我为歌声狂宣传单/01~03"。

文字素材所在位置：光盘中的"Ch09/素材/制作我为歌声狂宣传单/文字文档"。

2．作品参考

设计作品参考效果所在位置：光盘中的"Ch09/效果/制作我为歌声狂宣传单.cdr"，效果如图 9-100 所示。

3．制作要点

使用文本工具添加文字；使用轮廓笔命令、渐变填充命令和阴影工具制作

图 9-100

标题文字效果；使用贝塞尔工具和使文本适合路径命令制作文字绕路径效果；使用轮廓笔命令、转换为位图命令、高斯式模糊命令和阴影工具制作文本装饰效果；使用贝塞尔工具和透明度工具绘制装饰图形。

课后习题 2——制作西餐厅宣传单

习题 2.1 【项目背景及要求】

1．客户名称

聚享西餐厅。

2．客户需求

聚享西餐厅是一家主要经营披萨、点心、牛排和饮品等餐饮的西餐厅，目前餐厅已经营业两周年了，为了回馈广大顾客，特举办两周年店庆活动，届时本店餐饮均有优惠活动，要求根据本店特色制作活动宣传单。

3．设计要求

（1）宣传单风格时尚可爱，符合年轻人的审美取向。

（2）宣传单形式简洁大方，图文搭配合理。

（3）色彩柔和淡雅，整体色调优雅，具有西餐的特色。

（4）图案形式以插画的形式呈现，既可爱又不失时尚。

（5）设计规格均为 253 mm（宽）×256 mm（高），分辨率为 300 dpi。

习题 2.2 【项目创意及制作】

1．素材资源

图片素材所在位置：光盘中的"Ch09/素材/制作西餐厅宣传单/01~05"。

文字素材所在位置：光盘中的"Ch09/素材/制作西餐厅宣传单/文字文档"。

2．作品参考

设计作品参考效果所在位置：光盘中的"Ch09/效果/制作西餐厅宣传单.cdr"，效果如图 9-101 所示。

图 9-101

3．制作要点

使用椭圆形工具和合并命令绘制云朵图形；使用矩形工具和 2 点线工具绘制装饰图形；使用文本工具添加文字。

9.3　广告设计——制作网页广告

9.3.1　项目背景及要求

1．客户名称

易网购物网站。

2．客户需求

易网购物网站是一个主要销售电子产品的购物网站，网站专业性强，信誉度高，致力于打造电子产品的领先网站。在网站成立三周年之际，网站特推出优惠活动，需要制作宣传的网页广告，在互联网上进行宣传，要求画面丰富，达到宣传效果。

3．设计要求

（1）网页设计要求使用绿色作为画面背景。

（2）将促销信息在画面中进行放大处理，使观看者快速接收到信息。

（3）色彩丰富艳丽，能够吸引观看者的注意。

（4）画面内容丰富，搭配合理。

（5）设计规格均为 285mm（宽）×115mm（高），分辨率为 300 dpi。

9.3.2　项目创意及流程

1．素材资源

图片素材所在位置：光盘中的"Ch09/素材/制作网页广告/01~03"。

文字素材所在位置：光盘中的"Ch09/素材/制作网页广告/文字文档"。

2．设计流程

图 9-102

3．制作要点

使用矩形工具、椭圆形工具和贝塞尔工具制作背景效果；使用文本工具和阴影工具制作文字效果；使用贝塞尔工具、椭圆形工具、阴影工具和透明度工具制作装饰图形效果。

9.3.3　案例制作及步骤

（1）按 Ctrl+N 组合键新建一个页面。在属性栏中的"页面度量"选项中分别设置"宽度"为 285mm、"高度"为 115mm，按 Enter 键，页面尺寸显示为设置的大小。双击"矩形"工具 □，绘制一个与页面大小相等的矩形，如图 9-103 所示。设置图形颜色的 CMYK 值为 51、0、100、0，填充图形，并去除图形的轮廓线，效果如图 9-104 所示。

图 9-103　　　　　　　　　　　　　　　　图 9-104

（2）选择"矩形"工具 □，绘制一个矩形，设置图形颜色的 CMYK 值为 70、0、100、0，填充图形，并去除图形的轮廓线，效果如图 9-105 所示。用相同的方法绘制其他图形，并填充适当的颜色，效果如图 9-106 所示。

图 9-105　　　　　　　　　　　　　　　　图 9-106

（3）选择"选择"工具 ▹，选取白色矩形，按 Ctrl+Q 组合键将图形转换为曲线。选择"形状"

工具 ，水平向右拖曳左上角的节点到适当的位置，效果如图 9-107 所示。用相同的方法调节其他节点，效果如图 9-108 所示。

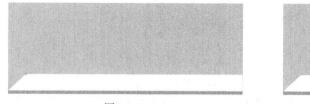

图 9-107　　　　　　　　　　　　　　　　图 9-108

（4）选择"透明度"工具 ，在属性栏中单击"均匀透明度"按钮 ，切换到相应的面板中进行设置，如图 9-109 所示，按 Enter 键，为图形添加透明度效果，效果如图 9-110 所示。

图 9-109　　　　　　　　　　　　　　　图 9-110

（5）选择"贝塞尔"工具 ，在适当的位置绘制一条曲线，在"CMYK 调色板"中的"黄"上单击鼠标右键，填充图形的轮廓线，效果如图 9-111 所示。

（6）选择"阴影"工具 ，在图形中从上向下拖曳光标，为图形添加阴影效果，在属性栏中进行设置，如图 9-112 所示，按 Enter 键，效果如图 9-113 所示。用相同的方法制作其他曲线效果，效果如图 9-114 所示。

图 9-111　　　　　　　　　　　　　　　图 9-112

图 9-113　　　　　　　　　　　　　　　图 9-114

（7）选择"椭圆形"工具 ，按住 Ctrl 键的同时，在适当的位置绘制一个圆形，如图 9-115 所示。按数字键盘上的+键复制图形，按住 Shift 键的同时，向内部拖曳右上角的控制手柄到适当的位置，调整图形大小，效果如图 9-116 所示。

图 9-115　　　　　　　　　　图 9-116

（8）选择"多边形"工具 ，在属性栏中进行设置，如图 9-117 所示，在适当的位置绘制一个三角形，如图 9-118 所示。单击属性栏中的"垂直镜像"按钮 ，将图形垂直翻转，效果如图 9-119 所示。

图 9-117　　　　　　　　　图 9-118　　　　　　图 9-119

（9）选择"选择"工具 ，按住 Shift 键的同时，选取需要的图形，如图 9-120 所示。单击属性栏中的"合并"按钮 ，将多个图形合并成一个图形，设置图形颜色的 CMYK 值为 80、0、100、0，填充图形，并去除图形的轮廓线，效果如图 9-121 所示。

（10）选择"阴影"工具 ，在图形中从上向下拖曳光标，为图形添加阴影效果，在属性栏中进行设置，如图 9-122 所示，按 Enter 键，效果如图 9-123 所示。

图 9-120　　　　图 9-121　　　　　　　　图 9-122　　　　　　　　图 9-123

（11）选择"选择"工具 ，选取需要的图形，如图 9-124 所示。填充为白色，并去除图形的轮廓线，效果如图 9-125 所示。

（12）选择"阴影"工具 ，在图形中从上向下拖曳光标，为图形添加阴影效果，在属性栏中进行设置，如图 9-126 所示，按 Enter 键，效果如图 9-127 所示。

图 9-124　　　　图 9-125　　　　　　　　图 9-126　　　　　　　　图 9-127

（13）选择"椭圆形"工具 ⊙，按住 Ctrl 键的同时，在适当的位置绘制一个圆形，填充为白色，并去除图形的轮廓线，效果如图 9-128 所示。

（14）选择"选择"工具 ▷，按数字键盘上的+键复制图形，按住 Shift 键的同时，向外部拖曳右上角的控制手柄到适当的位置，调整图形大小，效果如图 9-129 所示。

图 9-128　　　　　　　　　　　　　图 9-129

（15）选择"透明度"工具 ⊠，在属性栏中单击"均匀透明度"按钮 ⊠，切换到相应的面板中进行设置，如图 9-130 所示。按 Enter 键，为图形添加透明度效果，效果如图 9-131 所示。用相同的方法绘制其他图形，效果如图 9-132 所示。

图 9-130　　　　　　　　图 9-131　　　　　　　　图 9-132

（16）选择"矩形"工具 □，绘制一个矩形。在属性栏中进行设置，如图 9-133 所示。设置图形颜色的 CMYK 值为 80、0、100、0，填充图形，并去除图形的轮廓线，效果如图 9-134 所示。

图 9-133　　　　　　　　　　　　　图 9-134

（17）选择"阴影"工具 □，在图形中从上向下拖曳光标，为图形添加阴影效果，在属性栏中进行设置，如图 9-135 所示，按 Enter 键，效果如图 9-136 所示。

图 9-135　　　　　　　　　　　　　图 9-136

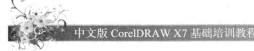

（18）选择"文本"工具，在页面中输入文字，在属性栏中选择合适的字体并设置文字大小，填充为白色，效果如图 9-137 所示。选择"形状"工具，向左拖曳文字下方的，调整文字的字距，效果如图 9-138 所示。

图 9-137

图 9-138

（19）选择"文本"工具，在页面中输入文字，在属性栏中选择合适的字体并设置文字大小，填充为白色，效果如图 9-139 所示。选择"形状"工具，水平向左拖曳文字下方的，调整文字的字距，效果如图 9-140 所示。

图 9-139

图 9-140

（20）选择"贝塞尔"工具，在适当的位置绘制一个不规则图形，设置图形颜色的 CMYK 值为 0、100、100、0，填充图形，并去除图形的轮廓线，效果如图 9-141 所示。

（21）选择"阴影"工具，在图形中从上向下拖曳光标，为图形添加阴影效果，在属性栏中进行设置，如图 9-142 所示，按 Enter 键，效果如图 9-143 所示。

图 9-141

图 9-142

图 9-143

（22）选择"文本"工具，在页面中输入文字，在属性栏中选择合适的字体并设置文字大小，如图 9-144 所示。按 F11 键，弹出"编辑填充"对话框，将"起点"颜色的 CMYK 值设为 0、20、100、0，"终点"颜色的 CMYK 值设为 0、0、100、0，其他选项的设置如图 9-145 所示，单击"确定"按钮，填充文字，效果如图 9-146 所示。

图 9-144

图 9-145

图 9-146

（23）选择"选择"工具 ，再次单击文字，使文字处于旋转状态，如图 9-147 所示。水平向右拖曳上方中间的控制手柄到适当的位置，将文字倾斜，效果如图 9-148 所示。

　　　　图 9-147　　　　　　图 9-148

（24）选择"阴影"工具 ，在图形中从上向下拖曳光标，为文字添加阴影效果，在属性栏中进行设置，如图 9-149 所示，按 Enter 键，效果如图 9-150 所示。

（25）选择"文本"工具 ，在页面中输入文字，在属性栏中选择合适的字体并设置文字大小，如图 9-151 所示。

　　图 9-149　　　　　　　　　　　图 9-150　　　　　　　图 9-151

（26）按 F11 键，弹出"编辑填充"对话框，将"起点"颜色的 CMYK 值设为 0、20、100、0，"终点"颜色的 CMYK 值设为 0、0、100、0，其他选项的设置如图 9-152 所示，单击"确定"按钮，填充文字，效果如图 9-153 所示。

　　　图 9-152　　　　　　　　　　　　　　　　图 9-153

（27）选择"形状"工具 ，选取需要的文字，向左拖曳文字下方的 ，调整文字的字距，效果如图 9-154 所示。

（28）选择"选择"工具 ，再次单击文字，使文字处于旋转状态，如图 9-155 所示。水平向右拖曳上方中间的控制手柄到适当的位置，将文字倾斜，效果如图 9-156 所示。

　　图 9-154　　　　　　　图 9-155　　　　　　　图 9-156

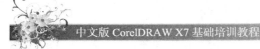

（29）选择"阴影"工具，在图形中从上向下拖曳光标，为文字添加阴影效果，在属性栏中进行设置，如图 9-157 所示，按 Enter 键，效果如图 9-158 所示。

图 9-157　　　　　　　　　　　　　　　　图 9-158

（30）选择"文本"工具，在页面中输入文字，在属性栏中选择合适的字体并设置文字大小，如图 9-159 所示。按 F11 键，弹出"编辑填充"对话框，将"起点"颜色的 CMYK 值为 0、20、100、0，"终点"颜色的 CMYK 值设为 0、0、100、0，其他选项的设置如图 9-160 所示，单击"确定"按钮，填充文字，效果如图 9-161 所示。

（31）选择"形状"工具，选取需要的文字，向左拖曳文字下方的 ，调整文字的字距，效果如图 9-162 所示。

图 9-159　　　　　　　　　　　　　　　　图 9-160

图 9-161　　　　　　　　　　　　　　　　图 9-162

（32）选择"选择"工具，再次单击文字，使文字处于旋转状态，如图 9-163 所示。水平向右拖曳上方中间的控制手柄到适当的位置，将文字倾斜，效果如图 9-164 所示。

（33）选择"选择"工具，选取文字，按 Ctrl+Q 组合键，将图形转换为曲线，效果如图 9-165 所示。

图 9-163　　　　　　　　　图 9-164　　　　　　　　　图 9-165

（34）选择"橡皮擦"工具 ，擦除不需要的图形，效果如图 9-166 所示。选择"基本形状"工具 ，单击属性栏中的"完美形状"按钮 ，在弹出的下拉列表中选择需要的形状，如图 9-167 所示。在适当的位置拖曳鼠标绘制图形，按 F11 键，弹出"编辑填充"对话框，将"起点"颜色的 CMYK 值设为 0、20、100、0，"终点"颜色的 CMYK 值设为 0、0、100、0，其他选项的设置如图 9-168 所示，单击"确定"按钮，填充图形，并去除图形的轮廓线，效果如图 9-169 所示。

图 9-166

图 9-167

图 9-168

图 9-169

（35）单击属性栏中的"水平镜像"按钮 ，将图形水平翻转，效果如图 9-170 所示。选择"选择"工具 ，用圈选的方法，选取需要的图形，如图 9-171 所示，按 Ctrl+G 组合键将其群组。

图 9-170

图 9-171

（36）选择"阴影"工具 ，在图形中从上向下拖曳光标，为图形添加阴影效果，在属性栏中进行设置，如图 9-172 所示，按 Enter 键，效果如图 9-173 所示。

图 9-172

图 9-173

（37）选择"文本"工具 ，在页面中输入文字，在属性栏中选择合适的字体并设置文字大小，

229

填充为白色，效果如图 9-174 所示。选择"选择"工具 ，再次单击文字，使其处于旋转状态，如图 9-175 所示。水平向右拖曳上方中间的控制手柄到适当的位置，将文字倾斜，效果如图 9-176 所示。

图 9-174

图 9-175

图 9-176

（38）按 Ctrl+I 组合键，弹出"导入"对话框，选择光盘中的"Ch09 > 素材 > 制作网页广告 > 01、02、03"文件，单击"导入"按钮，在页面中分别单击导入图片，分别将其拖曳到适当的位置，效果如图 9-177 所示。

（39）选择"3 点椭圆形"工具 ，绘制一个椭圆形，填充为黑色，并去除图形的轮廓线，效果如图 9-178 所示。用相同的方法绘制其他图形，并填充相同的颜色，效果如图 9-179 所示。

图 9-177

图 9-178

图 9-179

（40）选择"选择"工具 ，用圈选的方法，选取需要的图形，如图 9-180 所示。按 Ctrl+G 组合键将其群组。选择"位图 > 转换为位图"命令，在弹出的对话框中进行设置，如图 9-181 所示，单击"确定"按钮，效果如图 9-182 所示。

图 9-180

图 9-181

图 9-182

（41）选择"位图 > 模糊 > 高斯式模糊"命令，在弹出的对话框中进行设置，如图 9-183 所示，单击"确定"按钮，效果如图 9-184 所示。

图 9-183　　　　　　　　　　　　　　　　　　图 9-184

（42）选择"选择"工具 ，连续按 Ctrl+PageDown 组合键将图形向下移动到适当的位置，效果如图 9-185 所示。

（43）选择"椭圆形"工具 ，按住 Ctrl 键的同时，绘制一个圆形，在"CMYK 调色板"中的"黄"上单击鼠标左键，填充图形，并去除图形的轮廓线，效果如图 9-186 所示。

图 9-185　　　　　　　　　　　　　　　图 9-186

（44）选择"透明度"工具 ，在属性栏中单击"均匀透明度"按钮 ，切换到相应的面板进行设置，如图 9-187 所示。按 Enter 键，效果如图 9-188 所示。

（45）选择"文本"工具 ，在页面中输入文字，在属性栏中选择合适的字体并设置文字大小，设置文字颜色的 CMYK 值为 80、0、100、0，填充文字，效果如图 9-189 所示。选择"形状"工具 ，向左拖曳文字下方的 ，调整文字的字距，效果如图 9-190 所示。

图 9-187　　　　　　　　图 9-188　　　　　　　　图 9-189　　　　　　　　图 9-190

（46）选择"选择"工具 ，再次单击文字，使文字处于旋转状态，如图 9-191 所示。水平向右拖曳上方中间的控制手柄到适当的位置，将文字倾斜，效果如图 9-192 所示。

（47）选择"文本"工具 ，在页面中输入文字，在属性栏中选择合适的字体并设置文字大小，设置文字颜色的 CMYK 值为 80、0、100、0，填充文字，效果如图 9-193 所示。

图 9-191　　　　　　　　图 9-192　　　　　　　　图 9-193

（48）选择"选择"工具 ，再次单击文字，使文字处于旋转状态，如图 9-194 所示。水平向右拖曳上方中间的控制手柄到适当的位置，将文字倾斜，效果如图 9-195 所示。

（49）选择"文本"工具 ，在页面中输入文字，在属性栏中选择合适的字体并设置文字大小，设置文字颜色的 CMYK 值为 80、0、100、0，填充文字，效果如图 9-196 所示。

（50）选择"选择"工具 ，再次单击文字，使文字处于旋转状态，如图 9-197 所示。水平向右拖曳上方中间的控制手柄到适当的位置，将文字倾斜，效果如图 9-198 所示。

| 图 9-194 | 图 9-195 | 图 9-196 | 图 9-197 | 图 9-198 |

（51）选择"多边形"工具 ，在属性栏中进行设置，如图 9-199 所示，绘制一个多边形，设置图形颜色的 CMYK 值为 90、62、0、0，填充图形，并去除图形的轮廓线，效果如图 9-200 所示。

图 9-199   图 9-200

（52）选择"形状"工具 ，选取多边形底边中间节点，向内部拖曳节点到适当的位置，调整图形，效果如图 9-201 所示。

（53）选择"贝塞尔"工具 ，绘制一个图形，设置图形颜色的 CMYK 值为 68、0、10、0，填充图形，并去除图形的轮廓线，效果如图 9-202 所示。选择"对象 > 图框精确剪裁 > 置于图文框内部"命令，鼠标指针变为黑色箭头，在蓝色多边形上单击，将图片置入矩形框中，效果如图 9-203 所示。

（54）选择"文本"工具 ，在页面中输入文字，在属性栏中选择合适的字体并设置文字大小，在"CMYK 调色板"中的"黄"上单击鼠标左键，填充文字，效果如图 9-204 所示。

| 图 9-201 | 图 9-202 | 图 9-203 | 图 9-204 |

（55）选择"阴影"工具 ，在图形中从上向下拖曳光标，为文字添加阴影效果，在属性栏中进行设置，如图 9-205 所示，按 Enter 键，效果如图 9-206 所示。

（56）选择"文本"工具 ，在页面中输入文字，在属性栏中选择合适的字体并设置文字大小，填充白色，效果如图 9-207 所示。选择"形状"工具，选取需要的文字，向左拖曳文字下方的，调整文字的字距，效果如图 9-208 所示。

图 9-205　　　　　　　　图 9-206　　　　　图 9-207　　　　　图 9-208

（57）选择"阴影"工具，在图形中从上向下拖曳光标，为文字添加阴影效果，在属性栏中进行设置，如图 9-209 所示，按 Enter 键，效果如图 9-210 所示。

（58）选择"文本"工具，在页面中输入文字，在属性栏中选择合适的字体并设置文字大小，填充白色，效果如图 9-211 所示。选择"形状"工具，选取需要的文字，向左拖曳文字下方的，调整文字的字距，效果如图 9-212 所示。

图 9-209　　　　　　　　图 9-210　　　　　图 9-211　　　　　图 9-212

（59）选择"阴影"工具，在图形中从上向下拖曳光标，为文字添加阴影效果，在属性栏中进行设置，如图 9-213 所示，按 Enter 键，效果如图 9-214 所示。网页广告制作完成。

图 9-213　　　　　　　　　　　　　　图 9-214

课堂练习1——制作汽车广告

练习1.1　【项目背景及要求】

1. 客户名称

合众嘉宝汽车集团。

2．客户需求

合众嘉宝汽车集团生产的汽车以高质量、高性能得到消费者的广泛认可，目前合众嘉宝汽车集团最新型号的汽车即将面世，需要为新型汽车的面世制作一款宣传海报，要求以宣传汽车为主要内容，突出主题。

3．设计要求

（1）广告的画面背景以汽车产品展示为主，突出宣传重点。

（2）画面要求质感丰富，能够体现品牌的品质与质量。

（3）广告整体色调柔和，能够让消费者感受到温馨舒适的氛围。

（4）广告设计整体图文搭配和谐，主次分明，画面整洁大气。

（5）设计规格均为 210mm（宽）×297mm（高），分辨率为 300 dpi。

练习 1.2　【项目创意及制作】

1．素材资源

图片素材所在位置：光盘中的"Ch09/素材/制作汽车广告/01~05"。

文字素材所在位置：光盘中的"Ch09/素材/制作汽车广告/文字文档"。

2．作品参考

设计作品参考效果所在位置：光盘中的"Ch09/效果/制作汽车广告.cdr"，效果如图 9-215 所示。

3．制作要点

使用文本工具和轮廓笔命令制作文字效果；使用矩形工具和图框精确剪裁命令制作图片效果。

图 9-215

课堂练习 2——制作商场广告

练习 2.1　【项目背景及要求】

1．客户名称

立新商场。

2．客户需求

立新商场是由国内著名地产企业立新集团在各地投资兴建的商业中心，包括购物和娱乐等。所建之处，往往都成为当地的地标性建筑。目前立新商场开业，为了吸引顾客关注，对商场进行宣传，需要制作广告，广告要求时尚并富有活力。

3．设计要求

（1）广告制作要求突出商场集娱乐、购物及休闲为一体。

（2）画面要求具有时尚的活力元素，能够吸引消费者关注。

（3）文字设计要求具有立体感，色彩绚丽丰富。

（4）以立新商场大楼图像作为广告的视觉焦点，达到宣传效果。

（5）设计规格均为 210mm（宽）×297mm（高），分辨率为 300 dpi。

练习 2.2 【项目创意及制作】

1．素材资源
图片素材所在位置：光盘中的"Ch09/素材/制作商场广告/01、02"。

2．作品参考
设计作品参考效果所在位置：光盘中的"Ch09/效果/制作商场广告.cdr"，效果如图 9-216 所示。

3．制作要点
使用导入命令、旋涡命令、天气命令和高斯模糊命令添加和编辑背景图片；使用矩形工具和图框精确剪裁命令制作背景效果；使用文本工具和字符面板制作宣传文字。

图 9-216

课后习题 1——制作数码产品广告

习题 1.1 【项目背景及要求】

1．客户名称
欧斯卡数码专卖店。

2．客户需求
欧斯卡数码专卖店是一家品牌数码产品的专卖店，专卖店在秋天即将举办折扣活动，需要制作网络宣传广告，在互联网上进行宣传，广告要求能够吸引大家视线，达到宣传效果。

3．设计要求
（1）广告画面要求绚丽，视觉效果强烈。

（2）广告内容明确，突出活动的宣传。

（3）色彩运用大胆强烈，使用对比强烈的色彩使画面效果具有冲击力。

（4）画面的主要内容应是文字，所以应注重文字的设计。

（5）设计规格均为 253 mm（宽）×256 mm（高），分辨率为 300 dpi。

习题 1.2 【项目创意及制作】

1．素材资源
图片素材所在位置：光盘中的"Ch09/素材/制作数码产品广告/01~03"。

文字素材所在位置：光盘中的"Ch09/素材/制作数码产品广告/文字文档"。

2．作品参考
设计作品参考效果所在位置：光盘中的"Ch09/效果/制作数码产品广告.cdr"，效果如图 9-217 所示。

图 9-217

3. 制作要点

使用文本工具和轮廓图工具制作标题文字；使用矩形工具和椭圆形工具制作装饰图形；使用文本工具添加文字。

课后习题 2——制作情人节广告

习题 2.1 【项目背景及要求】

1. 客户名称

尚佳怡百货商场。

2. 客户需求

尚佳怡百货商场在情人节到来之际特举办促销活动，要求设计商场促销宣传海报，能够适用于街头派发、橱窗及公告栏展示，海报以情人节为主题，要求内容表现出情人节的甜蜜与温馨。

3. 设计要求

（1）广告内容突出情人节的主题，形式丰富多样。

（2）画面中要包括玫瑰、心形等具有情人节特色的相关元素。

（3）广告的色调以粉红为主，烘托出甜蜜幸福的感觉。

（4）将主题文字进行设计，与整个画面和谐统一。

（5）设计规格均为 253 mm（宽）×256 mm（高），分辨率为 300 dpi。

习题 2.2 【项目创意及制作】

1. 素材资源

图片素材所在位置：光盘中的"Ch09/素材/制作情人节广告/01"。

文字素材所在位置：光盘中的"Ch09/素材/制作情人节广告/文字文档"。

2. 作品参考

设计作品参考效果所在位置：光盘中的"Ch09/效果/制作情人节广告.cdr"，效果如图 9-218 所示。

图 9-218

3．制作要点

本例将使用文本工具添加文字；使用贝塞尔工具和渐变填充工具制作文字效果；使用贝塞尔工具、渐变填充工具、转换为位图命令和高斯式模糊命令制作装饰图形。

9.4 杂志设计——制作摄影杂志封面

9.4.1 项目背景及要求

1．客户名称

空雨视觉文化传播有限公司。

2．客户需求

《视觉景象》是一本关于摄影器材以及摄影技巧介绍的专业杂志。要求进行杂志封面设计，用以杂志的出版发售。由于摄影杂志的受众群体都是爱好摄影的人士，所以杂志封面要针对摄影爱好者的喜好来进行设计，在封面上充分表现杂志的特色，并赢得消费者的关注。

3．设计要求

（1）封面设计要求运用设计的艺术语言去传达杂志内容信息。

（2）以专业的摄影照片作为封面的背景底图，文字与图片搭配合理，具有美感。

（3）色彩要求围绕照片进行设计搭配，达到舒适自然的效果。

（4）整体的感觉要求时尚，并且体现杂志的专业性。

（5）设计规格均为 210mm（宽）×285mm（高），分辨率为 300 dpi。

9.4.2 项目创意及流程

1．素材资源

图片素材所在位置：光盘中的"Ch09/素材/制作摄影杂志封面/01~02"。

文字素材所在位置：光盘中的"Ch09/素材/制作摄影杂志封面/文字文档"。

2．设计流程

设计流程如图 9-219 所示。

3．制作要点

使用矩形工具和图框精确剪裁命令制作背景图形；使用文本工具和贝塞尔工具添加文字和装饰图形；使用阴影工具制作文字的阴影效果。

制作标题文字

添加并编辑文字　　　　最终效果

图 9-219

9.4.3 案例制作及步骤

（1）按 Ctrl+N 组合键新建一个 A4 页面。双击"矩形"工具，绘制一个与页面大小相等的矩形，如图 9-220 所示。

（2）按 Ctrl+I 组合键，弹出"导入"对话框，选择光盘中的"Ch09 > 素材 > 制作摄影杂志封面 > 01"文件，单击"导入"按钮，在页面中单击导入图片，将其拖曳到适当的位置，效果如图 9-221 所示。按 Ctrl+PageDown 组合键将其向后移动一层，如图 9-222 所示。

图 9-220   图 9-221   图 9-222

（3）选择"对象 > 图框精确剪裁 > 置于图文框内部"命令，鼠标指针变为黑色箭头，在矩形框上单击，如图 9-223 所示，将图片置入矩形框中。在"CMYK 调色板"中的"无填充"按钮⊠上单击鼠标右键，去除矩形框的轮廓线，效果如图 9-224 所示。

图 9-223   图 9-224

（4）选择"文本"工具，输入需要的文字，选择"选择"工具，在属性栏中选取适当的字体并设置文字大小，填充为白色，效果如图 9-225 所示。选择"文本 > 文本属性"命令，在弹出的面板中进行设置，如图 9-226 所示，按 Enter 键，效果如图 9-227 所示。

图 9-225   图 9-226   图 9-227

（5）选择"文本"工具 字，输入需要的文字，选择"选择"工具 ，在属性栏中选择合适的字体并设置文字大小，填充文字为白色，效果如图 9-228 所示。选择"文本 > 文本属性"命令，在弹出的面板中进行设置，如图 9-229 所示，按 Enter 键，效果如图 9-230 所示。

图 9-228　　　　　　　　　　　　图 9-229　　　　　　　　　　　　图 9-230

（6）选择"文本"工具 字，分别输入需要的文字，选择"选择"工具 ，分别在属性栏中选择合适的字体并设置文字大小，设置文字填充颜色的 CMYK 值为 0、20、100、0，填充文字，效果如图 9-231 所示。

（7）选择"选择"工具 ，选择文字"Camera"。选择"形状"工具 ，文字处于编辑状态，向左拖曳文字下方的 图标到适当的位置，调整文字字距，效果如图 9-232 所示。用相同的方法调整其他文字字距，效果如图 9-233 所示。

图 9-231　　　　　　　　　　　　图 9-232　　　　　　　　　　　　图 9-233

（8）选择"文本"工具 字，输入需要的文字，选择"选择"工具 ，在属性栏中选择合适的字体并设置文字大小，填充文字为白色，效果如图 9-234 所示。选择"形状"工具 ，文字处于编辑状态，向右拖曳文字下方的 图标到适当的位置，调整文字字距，效果如图 9-235 所示。

图 9-234　　　　　　　　　　　　　　　图 9-235

（9）选择"文本"工具 字，分别输入需要的文字，选择"选择"工具 ，在属性栏中选择合适的字体并设置文字大小，填充适当的颜色，效果如图 9-236 所示。

（10）选择"3 点椭圆形"工具 ，绘制一个椭圆形，设置图形颜色的 CMYK 值为 100、0、0、0，填充图形，并去除图形的轮廓线，效果如图 9-237 所示。多次按 Ctrl+PageDown 组合键将其向后移动，效果如图 9-238 所示。

图 9-236　　　　　　　　　　　图 9-237　　　　　　　　　　　图 9-238

（11）选择"文本"工具 ，输入需要的文字，选择"选择"工具 ，在属性栏中选择合适的字体并设置文字大小，填充为白色，效果如图 9-239 所示。选取需要的文字，如图 9-240 所示。单击属性栏中的"粗体"按钮 ，将文字加粗，效果如图 9-241 所示。

图 9-239　　　　　　　　　　　图 9-240　　　　　　　　　　　图 9-241

（12）选择"阴影"工具 ，在文字中从上向下拖曳光标，为文字添加阴影效果。在属性栏中进行设置，如图 9-242 所示，按 Enter 键，效果如图 9-243 所示。

图 9-242　　　　　　　　　　　　　　　　图 9-243

（13）选择"矩形"工具 ，绘制一个矩形，设置图形颜色的 CMYK 值为 100、0、0、0，填充图形，并去除图形的轮廓线，效果如图 9-244 所示。

（14）选择"文本"工具 ，拖曳出一个文本框，输入需要的文字。选择"选择"工具 ，在属性栏中选择合适的字体并设置文字大小，填充文字为白色，效果如图 9-245 所示。

图 9-244　　　　　　　　　　　　　　图 9-245

（15）选择"文本"工具 ，输入需要的文字。选择"选择"工具 ，在属性栏中选择合适的字体并设置文字大小，设置文字颜色的 CMYK 值为 100、0、0、0，填充文字，效果如图 9-246 所示。

（16）选择"2 点线"工具 ，绘制一条直线，设置线段颜色的 CMYK 值为 100、0、0、0，填充直线，效果如图 9-247 所示。在属性栏中单击"终止箭头" 右侧的按钮，弹出"终止箭头"下拉列表框，选取需要的图形，如图 9-248 所示，其他选项的设置如图 9-249 所示，按 Enter 键，效果如图 9-250 所示。

图 9-246

图 9-247

图 9-248

图 9-249

图 9-250

（17）选择"文本"工具 ，分别输入需要的文字。选择"选择"工具 ，分别在属性栏中选择合适的字体并设置文字大小，设置文字颜色的 CMYK 值为 0、20、100、0，填充文字，效果如图 9-251 所示。

（18）选择"选择"工具 ，选择文字"28"。选择"阴影"工具 ，在文字中从上向下拖曳光标，为文字添加阴影效果。在属性栏中进行设置，如图 9-252 所示，按 Enter 键，效果如图 9-253 所示。用相同的方法制作其他文字效果，如图 9-254 所示。

图 9-251

图 9-252

图 9-253

图 9-254

（19）选择"文本"工具 ，分别输入需要的文字。选择"选择"工具 ，分别在属性栏中选择合适的字体并设置文字大小，填充适当的颜色，效果如图 9-255 所示。

（20）选择"矩形"工具 ，绘制一个矩形。设置图形颜色的 CMYK 值为 100、0、0、0，填充图形，并去除图形的轮廓线，效果如图 9-256 所示。多次按 Ctrl+PageDown 组合键将其向后移动，效果如图 9-257 所示。

图 9-255

图 9-256

图 9-257

（21）选择"选择"工具 ，选择文字"巴拉特瑞的中国村"。选择"阴影"工具 ，在文字中从左向右拖曳光标，为文字添加阴影效果。在属性栏中进行设置，如图 9-258 所示，按 Enter 键，效果如图 9-259 所示。

图 9-258

图 9-259

（22）选择"文本"工具 字，输入需要的文字。分别选取需要的文字，选择"选择"工具 ，在属性栏中选择合适的字体并设置文字大小，填充适当的颜色，效果如图 9-260 所示。选择"文本 > 文本属性"命令，在弹出的面板中进行设置，如图 9-261 所示，按 Enter 键，效果如图 9-262 所示。

图 9-260

图 9-261

图 9-262

（23）选择"阴影"工具 ，在文字中从上向下拖曳光标，为文字添加阴影效果。在属性栏中进行设置，如图 9-263 所示，按 Enter 键，效果如图 9-264 所示。

图 9-263

图 9-264

（24）选择"矩形"工具 ，绘制一个矩形，如图 9-265 所示。按 F12 键，弹出"轮廓笔"对话框，选项的设置如图 9-266 所示，单击"确定"按钮，效果如图 9-267 所示。

图 9-265

图 9-266

图 9-267

（25）选择"文本"工具 字 ，输入需要的文字。选择"选择"工具 ，在属性栏中选择合适的字体并设置文字大小，填充文字为白色，效果如图 9-268 所示。选择"文本 > 文本属性"命令，在弹出的面板中进行设置，如图 9-269 所示，按 Enter 键，效果如图 9-270 所示。

图 9-268　　　　　　　　　　图 9-269　　　　　　　　　　图 9-270

（26）选择"阴影"工具 ，在文字中从上向下拖曳光标，为文字添加阴影效果。在属性栏中进行设置，如图 9-271 所示，按 Enter 键，效果如图 9-272 所示。

图 9-271　　　　　　　　　　　　　　　　图 9-272

（27）选择"文本"工具 字 ，分别输入需要的文字。选择"选择"工具 ，分别在属性栏中选择合适的字体并设置文字大小，设置文字颜色的 CMYK 值为 0、20、100、0，填充文字，效果如图 9-273 所示。

（28）选择"选择"工具 ，用全选的方法选取需要的图形和文字，在属性栏中的"旋转角度"框 中设置数值为 16.8°，按 Enter 键，效果如图 9-274 所示。

图 9-273　　　　　　　　　　　　　　图 9-274

（29）选择"文本"工具 字 ，分别输入需要的文字。选择"选择"工具 ，分别在属性栏中选择合适的字体并设置文字大小，填充文字为白色，效果如图 9-275 所示。

（30）按 Ctrl+I 组合键，弹出"导入"对话框，选择光盘中的"Ch09 > 素材 > 制作摄影杂志封面 > 02"文件，单击"导入"按钮，在页面中单击导入图片，将其拖曳到适当的位置，效果如图 9-276

所示。

（31）选择"贝塞尔"工具 ，绘制一个不规则图形。设置图形颜色的 CMYK 值为 100、30、0、0，填充图形，并去除图形的轮廓线，效果如图 9-277 所示。

（32）选择"文本"工具 ，输入需要的文字。选择"选择"工具 ，在属性栏中选择合适的字体并设置文字大小，填充文字为白色，效果如图 9-278 所示。

图 9-275　　　　　　　图 9-276　　　　　　　图 9-277　　　　　　　图 9-278

（33）按 Ctrl+T 组合键，在弹出的"文本属性"面板中单击"段落"按钮 ，切换到段落属性面板中进行设置，如图 9-279 所示，按 Enter 键，效果如图 9-280 所示。在属性栏中的"旋转角度"框 中设置数值为 34.3°，按 Enter 键，效果如图 9-281 所示。摄影杂志封面制作完成。

图 9-279　　　　　　　图 9-280　　　　　　　图 9-281

课堂练习 1——制作旅游影像杂志封面

练习 1.1 　【项目背景及要求】

1．客户名称

绿星出版社。

2．客户需求

由绿星出版社出版的《旅行影像》杂志本月即将出刊，现需要制作杂志封面，用于杂志的出版销售，要求以旅游的视角去感受杂志的特色，并在杂志的封面中表现出来。

3．设计要求

（1）杂志封面背景要迎合杂志主题，采用以摄影照片为背景。

（2）杂志名称的字体颜色在画面中突出，与背景颜色形成对比。

（3）文字搭配合理摆放，使整体画面协调。

（4）设计规格均为 213mm（宽）×278mm（高），分辨率为 300 dpi。

练习 1.2　【项目创意及制作】

1．素材资源

图片素材所在位置：光盘中的"Ch09/素材/制作旅游影像杂志封面/01~02"。

文字素材所在位置：光盘中的"Ch09/素材/制作旅游影像杂志封面/文字文档"。

2．作品参考

设计作品参考效果所在位置：光盘中的"Ch09/效果/制作旅游影像杂志封面.cdr"，效果如图 9-282 所示。

3．制作要点

使用文本工具、形状工具、透明度工具和轮廓笔命令制作文字效果；使用椭圆形工具、星形工具和 2 点线工具制作装饰图形。

图 9-282

课堂练习 2——制作汽车杂志封面

练习 2.1　【项目背景及要求】

1．客户名称

异乎出版社。

2．客户需求

异乎出版社出版的《汽车风向志》的最新一期杂志即将出版，需要为本月杂志设计杂志封面，用于出版发售，杂志的设计以杂志的主题汽车为主，设计要求具有个性，独具特色。

3．设计要求

（1）杂志的背景以汽车的摄影图片为主，图片选择要求具有个性。

（2）为了突出杂志文字，需要使用黄色这种亮色，与深色的背景相呼应。

（3）杂志的封面版式设计内容不宜过多，要表现出封面的空间感。

（4）整体风格具有个性，体现出杂志的特色。

（5）设计规格均为 213mm（宽）×278mm（高），分辨率为 300 dpi。

练习 2.2　【项目创意及制作】

1．素材资源

图片素材所在位置：光盘中的"Ch09/素材/制作汽车杂志封面/01~03"。

文字素材所在位置：光盘中的"Ch09/素材/制作汽车杂志封面/文字文档"。

2．作品参考

设计作品参考效果所在位置：光盘中的"Ch09/效果/制作汽车杂志封面.cdr"，效果如图 9-283 所示。

3．制作要点

使用图框精确剪裁命令编辑背景效果；使用文本工具添加文字；使用转换为曲线命令和形状工具编辑标题文字效果；使用贝塞尔工具绘制装饰图形。

图 9-283

课后习题 1——制作旅游杂志封面

习题 1.1　【项目背景及要求】

1．客户名称
唤醒杂志出版社。

2．客户需求
唤醒杂志出版社是一家以出版杂志为主的专业出版社，目前出版社的其中一款杂志《享受旅行》的最新一期杂志即将出版，需要制作杂志封面用于杂志的出版及发售，要求封面的设计围绕主题，以旅游相关为主。

3．设计要求
（1）杂志的背景依据传统形式，以风景摄影照片为主。
（2）杂志的色彩搭配丰富艳丽，画面跳跃，使人心情舒畅。
（3）杂志设计注重细节的处理与搭配，使画面更加精致。
（4）杂志的整体风格活泼时尚，能够表现出旅游乐趣。
（5）设计规格均为 210 mm（宽）×297 mm（高），分辨率为 300 dpi。

图 9-284

习题 1.2　【项目创意及制作】

1．素材资源
图片素材所在位置：光盘中的"Ch09/素材/制作旅游杂志封面/01~02"。
文字素材所在位置：光盘中的"Ch09/素材/制作旅游杂志封面/文字文档"。

2．作品参考
设计作品参考效果所在位置：光盘中的"Ch09/效果/制作旅游杂志封面.cdr"，效果如图 9-284 所示。

3．制作要点
本例将使用文本工具添加文字；使用段落格式化命令调整文字间距、使用转换为曲线命令将文字转换为曲线；使用形状工具调整文字的节点；使用矩形工具、合并命令和轮廓笔命令制作标题文字效果；使用椭圆形工具、矩形工具和移除前面对象命令制作装饰图形。

课后习题 2——制作旅游杂志内页

习题 2.1　【项目背景及要求】

1．客户名称
豆豆出版社。

2．客户需求
豆豆出版社是一家专业的出版集团，出版社为了扩大业务，准备制作一个旅游杂志，目前需要设计杂志的一张内页，要求图文搭配合理，符合旅游杂志的特色。

3．设计要求
（1）杂志内页设计以图片为主，选取的图片搭配要舒适自然。

（2）文字设计与图片相迎合，配合图片设计搭配。

（3）整体风格具有旅游杂志的特色，使人观看舒适。

（4）设计规格均为 420 mm（宽）×297 mm（高），分辨率为 300 dpi。

习题 2.2　【项目创意及制作】

1．素材资源
图片素材所在位置：光盘中的"Ch09/素材/制作旅游杂志内页/01~05"。

文字素材所在位置：光盘中的"Ch09/素材/制作旅游杂志内页/文字文档"。

2．作品参考
设计作品参考效果所在位置：光盘中的"Ch09/效果/制作旅游杂志内页.cdr"，效果如图 9-285 所示。

3．制作要点
使用文本工具和阴影工具制作文字效果；使用矩形工具和透明度工具制作装饰图形；使用插入符号字符命令添加装饰图形；使用星形工具和文本工具制作页码效果。

图 9-285

9.5　书籍封面设计——制作旅游书籍封面

9.5.1　项目背景及要求

1．客户名称
文学图书出版社。

2．客户需求

文学图书出版社即将出版一本关于旅游的书籍，名字叫做《巴厘岛 Let's go》，目前需要为书籍设计书籍封面，目的是用于书籍的出版及发售，书籍设计要围绕旅游这一主题，能够通过封面吸引读者注意，使封面很好地表现内容。

3．设计要求

（1）书籍封面的设计使用摄影图片为背景素材，注重细节的修饰和处理。

（2）整体色调清新舒适，色彩丰富，搭配自然。

（3）书籍的封面要表现出旅游的放松和舒适的氛围。

（4）设计规格均为 351mm（宽）×246mm（高），分辨率为 300 dpi。

9.5.2　项目创意及流程

1．素材资源

图片素材所在位置：光盘中的"Ch09/素材/制作旅游书籍封面/01~06"。

文字素材所在位置：光盘中的"Ch09/素材/制作旅游书籍封面/文字文档"。

2．设计流程

图 9-286

3．制作要点

使用矩形工具和透明度工具制作背景效果；使用椭圆形工具、贝塞尔工具、合并命令和轮廓笔命令制作装饰图形；使用文本工具添加文字；使用形状工具调整文字间的间距。

9.5.3　案例制作及步骤

（1）按 Ctrl+N 组合键新建一个页面。在属性栏的"页面度量"选项中分别设置宽度为 351mm，高度为 246mm，按 Enter 键，页面尺寸显示为设置的大小。

（2）选择"视图 > 标尺"命令。在视图中显示标尺，从左侧标尺上拖曳出一条辅助线，并将其拖曳到 3mm 的位置。用相同的方法，分别在 169mm、181mm、348mm 的位置添加一条辅助线。从上方标尺上拖曳出一条辅助线，并将其拖曳到 243mm 的位置。用相同的方法，在 3mm 的位置上添加一条辅助线，效果如图 9-287 所示。

（3）双击"矩形"工具 □，绘制一个与页面大小相等的矩形，如图 9-288 所示。设置图形填充颜色的 CMYK 值为 60、0、30、0，填充图形，并去除图形的轮廓线，效果如图 9-289 所示。

（4）选择"选择"工具 ，按数字键盘上的+键，复制图形，拖曳上方中间的控制手柄到适当的位置，设置图形填充颜色的 CMYK 值为 0、0、100、0，填充图形，效果如图 9-290 所示。

图 9-287　　　　　　　　　　　　　　　　　　图 9-288

图 9-289　　　　　　　　　　　　　　　　　　图 9-290

（5）按 Ctrl+I 组合键，弹出"导入"对话框，选择光盘中的"Ch09 ＞ 素材 ＞ 制作旅游书籍封面 ＞ 01"文件，单击"导入"按钮，在页面中单击导入图片，并将其拖曳到适当的位置，效果如图 9-291 所示。

（6）选择"透明度"工具 ，在图片上从下向上拖曳光标，为图形添加透明效果。在属性栏中进行设置，如图 9-292 所示。按 Enter 键，效果如图 9-293 所示。

图 9-291　　　　　　　　　　　　图 9-292　　　　　　　　　　　　图 9-293

（7）选择"椭圆形"工具 ，按住 Ctrl 键的同时，绘制一个圆形，如图 9-294 所示。选择"贝塞尔"工具 ，绘制一个图形，如图 9-295 所示。选择"选择"工具 ，用圈选的方法选取需要的图形，单击属性栏中的"合并"按钮 ，将两个图形合并为一个图形，效果如图 9-296 所示。设置图形填充颜色的 CMYK 值为 40、0、20、0，填充图形，并去除图形的轮廓线，效果如图 9-297 所示。

图 9-294   图 9-295   图 9-296   图 9-297

（8）按 F12 键，弹出"轮廓笔"对话框，选项的设置如图 9-298 所示，单击"确定"按钮，效果如图 9-299 所示。

图 9-298   图 9-299

（9）选择"选择"工具 ，用圈选的方法选取需要的图形，如图 9-300 所示。选择"对象 > 图框精确剪裁 > 置于图文框内部"命令，鼠标指针变为黑色箭头，在背景图形上单击，如图 9-301 所示。将图形置入矩形框中，如图 9-302 所示。

图 9-300   图 9-301   图 9-302

（10）选择"文本"工具 ，分别输入需要的文字。选择"选择"工具 ，分别在属性栏中选择合适的字体并设置文字大小，效果如图 9-303 所示。选择文字"Traveler"。选择"文本"工具 ，分别选取需要的文字，填充适当的颜色，效果如图 9-304 所示。按 F12 键，弹出"轮廓笔"对话框，选项的设置如图 9-305 所示，单击"确定"按钮，效果如图 9-306 所示。

图 9-303　　　　　　　图 9-304　　　　　　　　　图 9-305

图 9-306

（11）选择"选择"工具，选择文字"开启旅行之门"，填充文字为白色。选择"形状"工具，文字的编辑状态如图 9-307 所示，向右拖曳文字右侧的▮图标调整字距，效果如图 9-308 所示。

图 9-307　　　　　　　　　　图 9-308

（12）选择"选择"工具，选择文字"巴厘岛"，填充为黄色。选择"形状"工具，使文字处于编辑状态，向左拖曳文字右侧的▮图标调整字距，松开鼠标后，文字效果如图 9-309 所示。按F12 键，弹出"轮廓笔"对话框，在"颜色"选项中设置轮廓线颜色的 CMYK 值为 80、0、60、50，其他选项的设置如图 9-310 所示，单击"确定"按钮，效果如图 9-311 所示。

图 9-309　　　　　　　　　图 9-310　　　　　　　　　图 9-311

（13）选择"阴影"工具，在文字上从上向下拖曳光标，为文字添加阴影效果。在属性栏中进行设置，如图 9-312 所示。按 Enter 键，效果如图 9-313 所示。

（14）选择"文本"工具，输入需要的文字。选择"选择"工具，在属性栏中选择合适的字体并设置文字大小，效果如图 9-314 所示。选择"形状"工具，文字的编辑状态如图 9-315 所示，向下拖曳文字下方的 ⬌ 图标调整行距，松开鼠标后，文字效果如图 9-316 所示。

图 9-312   图 9-313

图 9-314   图 9-315   图 9-316

（15）选择"文本 > 插入字符"命令，在弹出的"插入字符"对话框中按需要进行设置并选择需要的字符，如图 9-317 所示，拖曳字符到适当的位置并调整其大小，效果如图 9-318 所示。设置字符填充颜色的 CMYK 值为 0、100、100、0，填充图形，并去除图形的轮廓线，效果如图 9-319 所示。

图 9-317   图 9-318   图 9-319

（16）选择"文本"工具 ，单击"将文本更改为垂直方向"按钮 ，分别输入需要的文字。选择"选择"工具 ，分别在属性栏中选择合适的字体并设置文字大小和角度，效果如图 9-320 所示。用圈选的方法选取需要的文字，在"CMYK 调色板"中的"黄"色块上单击鼠标，填充文字，效果如图 9-321 所示。

图 9-320   图 9-321

（17）选择"贝塞尔"工具，绘制一个图形。设置填充颜色的 CMYK 值为 40、0、20、0，填充图形，并去除图形的轮廓线，效果如图 9-322 所示。用相同的方法再绘制一个图形，并填充相同的颜色，效果如图 9-323 所示。

（18）按 Ctrl+I 组合键，弹出"导入"对话框，选择光盘中的"Ch09 > 素材 > 制作旅游书籍封面 > 02"文件，单击"导入"按钮，在页面中单击导入图片，并将其拖曳到适当的位置，效果如图 9-324 所示。

（19）按 Ctrl+I 组合键，弹出"导入"对话框，选择光盘中的"Ch09 > 素材 > 制作旅游书籍封面 > 03、04"文件，单击"导入"按钮，在页面中分别单击导入图片，并将其拖曳到适当的位置，效果如图 9-325 所示。

| 图 9-322 | 图 9-323 | 图 9-324 | 图 9-325 |

（20）选择"文本"工具，单击"将文本更改为水平方向"按钮，分别输入需要的文字。选择"选择"工具，分别在属性栏中选择合适的字体并设置文字大小，填充适当的颜色，效果如图 9-326 所示。

（21）选择"选择"工具，用圈选的方法选取需要的文字。按 F12 键，弹出"轮廓笔"对话框，选项的设置如图 9-327 所示，单击"确定"按钮，效果如图 9-328 所示。

| 图 9-326 | 图 9-327 | 图 9-328 |

（22）选择"文本 > 插入字符"命令，弹出"插入字符"对话框，在对话框中按需要进行设置并选择需要的字符，如图 9-329 所示，拖曳字符到页面适当的位置并调整其大小，效果如图 9-330 所示。

图 9-329

图 9-330

（23）选择"文本"工具 字，分别输入需要的文字。选择"选择"工具 ，分别在属性栏中选择合适的字体并设置文字大小，效果如图 9-331 所示。选择文字"Literature Publishing House"。选择"形状"工具 ，文字的编辑状态如图 9-332 所示，向左拖曳文字右方的 图标调整字距，松开鼠标后，文字效果如图 9-333 所示。选择"2 点线"工具 ，绘制一条直线，效果如图 9-334 所示。

图 9-331

图 9-332

图 9-333

图 9-334

（24）选择"矩形"工具 ，绘制一个矩形，填充为白色，并去除图形的轮廓线，效果如图 9-335 所示。

（25）按 Ctrl+I 组合键，弹出"导入"对话框，选择光盘中的"Ch09 > 素材 > 制作旅游书籍封面 > 05"文件，单击"导入"按钮，在页面中单击导入图片，并将其拖曳到适当的位置，效果如图 9-336 所示。按 Ctrl+PageDown 组合键将图片向后移动一层，效果如图 9-337 所示。

图 9-335

图 9-336

图 9-337

（26）选择"对象 > 图框精确剪裁 > 置于图文框内部"命令，鼠标指针变为黑色箭头，在白色矩形上单击，如图 9-338 所示。将图片置入矩形框中，如图 9-339 所示。

（27）按 F12 键，弹出"轮廓笔"对话框，选项的设置如图 9-340 所示，单击"确定"按钮，效果如图 9-341 所示。

（28）选择"阴影"工具 。在图形上从上向下拖曳光标，为文字添加阴影效果。在属性栏中进行设置，如图 9-342 所示。按 Enter 键，效果如图 9-343 所示。

图 9-338

图 9-339

图 9-340

图 9-341

图 9-342

图 9-343

（29）选择"文本"工具，输入需要的文字。选择"选择"工具，在属性栏中选择合适的字体并设置文字大小，效果如图 9-344 所示。选择"形状"工具，文字的编辑状态如图 9-345 所示，向下拖曳文字下方的图标调整行距，松开鼠标后，文字效果如图 9-346 所示。选择"文本"工具，分别选取需要的文字，填充适当的颜色，效果如图 9-347 所示。

图 9-344

图 9-345

图 9-346

图 9-347

（30）选择"文本"工具，输入需要的文字，选择"选择"工具，在属性栏中选择合适的字体并设置文字大小，填充文字为白色，效果如图 9-348 所示。在"CMYK 调色板"中的"黑"色块上单击鼠标右键，为文字添加轮廓线，效果如图 9-349 所示。

图 9-348　　　　　　　　　　　　　　　　图 9-349

（31）按 Ctrl+I 组合键，弹出"导入"对话框，选择光盘中的"Ch09 > 素材 > 制作旅游书籍封面 > 06"文件，单击"导入"按钮，在页面中单击导入图片，并将其拖曳到适当的位置，效果如图

9-350 所示。

（32）选择"文本"工具 ，输入需要的文字。选择"选择"工具 ，在属性栏中选择合适的字体并设置文字大小，效果如图 9-351 所示。选择"形状"工具 ，将文字处于编辑状态，向下拖曳文字下方的 图标调整行距，松开鼠标后，文字效果如图 9-352 所示。

| 图 9-350 | 图 9-351 | 图 9-352 |

（33）选择"矩形"工具 ，绘制一个矩形，设置填充颜色的 CMYK 值为 40、100、0、0，并去除图形的轮廓线，效果如图 9-353 所示。连续多次按数字键盘上的+键，复制矩形，并分别拖曳到适当的位置，填充适当的颜色，效果如图 9-354 所示。

（34）选择"文本"工具 ，单击"将文本更改为垂直方向"按钮 ，分别输入需要的文字。选择"选择"工具 ，分别在属性栏中选择合适的字体并设置文字大小，填充适当的颜色，效果如图 9-355 所示。

（35）选择"选择"工具 ，选择文字"巴厘岛"。按 F12 键，弹出"轮廓笔"对话框，在"颜色"选项中设置轮廓线颜色的 CMYK 值为 80、0、60、50，其他选项的设置如图 9-356 所示，单击"确定"按钮，效果如图 9-357 所示。

| 图 9-353 | 图 9-354 | 图 9-355 | 图 9-356 | 图 9-357 |

（36）选择"文本"工具 ，单击"将文本更改为水平方向"按钮 ，输入需要的文字。选择"选择"工具 ，在属性栏中选择合适的字体并设置文字大小和角度，填充文字为白色，效果如图 9-358 所示。

（37）选择"文本"工具 ，单击"将文本更改为垂直方向"按钮 ，分别输入需要的文字。选择"选择"工具 ，分别在属性栏中选择合适的字体并设置文字大小，填充适当的颜色，效果如

图 9-359 所示。

（38）选择"选择"工具 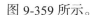，选取书籍正面需要的图形。按数字键盘上的+键，复制图形，并调整其位置和大小，效果如图 9-360 所示。旅游书籍封面制作完成，效果如图 9-361 所示。

| 图 9-358 | 图 9-359 | 图 9-360 |

图 9-361

课堂练习 1——制作花卉书籍封面

练习 1.1　【项目背景及要求】

1．客户名称
旭佳图书策划传播有限公司。

2．客户需求
要求为《家庭健康花卉》书籍设计书籍封面，用于书籍的出版及发售，本书介绍家庭花卉的养殖方法和技巧，所以设计要围绕花卉这一主题，通过封面直观快速地吸引读者，将书籍内容全面地表现出来。

3．设计要求
（1）书籍封面的设计以传达家庭健康花卉内容为主要宗旨，紧贴主题。

（2）封面色彩以白色或浅色调为主，画面要求干净清爽。

图 9-362

（3）设计要求以花卉图片作为封面主要内容，明确主题。

（4）整体设计要体现家庭的温馨感觉。

（5）设计规格均为 384mm（宽）×260mm（高），分辨率为 300 dpi。

练习 1.2　【项目创意及制作】

1．素材资源
图片素材所在位置：光盘中的"Ch09/素材/制作花卉书籍封面/01~08"。

文字素材所在位置：光盘中的"Ch09/素材/制作花卉书籍封面/文字文档"。

2．作品参考

设计作品参考效果所在位置：光盘中的"Ch09/效果/制作花卉书籍封面.cdr"，效果如图 9-362 所示。

3．制作要点

使用矩形工具和透明度工具制作背景效果；使用椭圆形工具、2 点线工具和轮廓笔命令制作装饰图形；使用文本工具添加文字；使用形状工具调整文字间的间距。

课堂练习2——制作旅行英语书籍封面

练习2.1 【项目背景及要求】

1.客户名称

外文旅游出版社。

2.客户需求

外文旅游出版社是一家为广大旅行爱好者及外文爱好者提供种类丰富、文化含量高的优质旅游类图书的图书出版社。出版社目前有一本旅游类书籍需要设计封面，需要根据其内容特点，设计书籍封面及封底的内容。

3.设计要求

（1）书籍封面要求色彩丰富，具有趣味性。

（2）运用各国的风景图片，与文字一起构成丰富的画面。

（3）设计要求表现本书快捷、有效的优势，色彩鲜艳，具有实用性。

（4）要求将文字进行具有特色的设计，使读者快速了解书籍内容信息。

（5）设计规格均为 348mm（宽）× 239mm（高）。

练习2.2 【项目创意及制作】

1.素材资源

图片素材所在位置：光盘中的"Ch10/素材/制作旅行英语书籍封面/01~11"。

2.作品参考

设计作品参考效果所在位置：光盘中的"Ch10/效果/制作旅行英语书籍封面.cdr"，效果如图 9-363 所示。

3.制作要点

使用渐变工具制作背景底图；使用导入命令和高斯模糊命令制作图片与底图的融合效果；使用矩形工具、复制命令和图框精确剪裁命令制作宣传图片；使用文本工具和轮廓图工具制作书名；使用椭圆形工具、贝塞尔工具和文本工具制作标签；使用条形码命令添加条形码。

图 9-363

课后习题 1——制作古城风景书籍封面

习题 1.1　【项目背景及要求】

1. 客户名称

天下景色出版社。

2. 客户需求

天下景色出版社即将出版一本名叫《满镜风古城风景》的书籍，书籍主要介绍的是中国的特色古城，介绍古城的历史与风景。要求制作书籍的封面用于书籍的出版及发售，要求围绕古城这一主题进行设计。

3. 设计要求

（1）书籍的封面的背景使用一张俯视的风景照片，使画面视野宽广开阔。

（2）字体的设计要符合古城这一特色，要具有中国特色。

（3）色彩搭配舒适淡雅，让人印象深刻。

（4）设计规格均为 351 mm（宽）×246 mm（高），分辨率为 300 dpi。

习题 1.2　【项目创意及制作】

1. 素材资源

图片素材所在位置：光盘中的"Ch09/素材/制作古城风景书籍封面/01~03"。

文字素材所在位置：光盘中的"Ch09/素材/制作古城风景书籍封面/文字文档"。

2. 作品参考

设计作品参考效果所在位置：光盘中的"Ch09/效果/制作古城风景书籍封面.cdr"，效果如图 9-364 所示。

图 9-364

3. 制作要点

使用辅助线命令添加辅助线；使用透明度工具制作背景图片；使用文本工具和阴影工具制作文字效果；使用钢笔工具和文本工具制作图章；使用椭圆形工具和透明度工具制作装饰图形；使用插入条码命令制作书籍条形码。

课后习题 2——制作异域兵主书籍封面

习题 2.1 【项目背景及要求】

1. 客户名称
军事顾问出版社。

2. 客户需求
军事顾问出版社即将出版一本名叫《异域兵主》的军事小说，小说的内容是围绕部队生活所展开的，出版社需要制作书籍封面，封面的设计要具有军人的特色。

3. 设计要求
（1）书籍的封面使用深色的背景作为书籍封面的背景。

（2）字体的设计具有锋利坚硬的感觉，能够体现出军人的气质。

（3）色彩的搭配具有冲击力，风格独特。

（4）设计规格均为 345 mm（宽）×240 mm（高），分辨率为 300 dpi。

习题 2.2 【项目创意及制作】

1. 素材资源
图片素材所在位置：光盘中的"Ch09/素材/制作异域兵主书籍封面/01~02"。

文字素材所在位置：光盘中的"Ch09/素材/制作异域兵主书籍封面/文字文档"。

2. 作品参考
设计作品参考效果所在位置：光盘中的"Ch09/效果/制作异域兵主书籍封面.cdr"，效果如图 9-365 所示。

图 9-365

3. 制作要点
使用辅助线命令添加辅助线；使用矩形工具和贝塞尔工具制作背景效果；使用文本工具、转化为曲线命令和形状工具制作标题文字；使用文本工具添加文字；使用插入条码命令制作书籍条形码。

9.6 包装设计——制作婴儿奶粉包装

9.6.1 项目背景及要求

1. 客户名称
宝宝食品有限公司。

2．客户需求

宝宝食品是一家制作婴幼儿配方食品的专业品牌，精选优质原料，生产国际水平的产品，得到消费者的广泛认可，目前推出了最新研制的益生菌营养米粉，需要为该产品制作一款包装，包装设计要求体现产品特色，展现品牌形象。

3．设计要求

（1）包装风格要求简单干净，使消费者感到放心。

（2）突出宣传重点，使用可爱儿童照片为包装素材。

（3）设计要求使用文字效果，在画面中突出显示。

（4）整体效果要求具有温馨可爱的画面感。

（5）设计规格均为 250mm（宽）×300mm（高），分辨率为 300 dpi。

9.6.2 项目创意及流程

1．素材资源

图片素材所在位置：光盘中的"Ch09/素材/制作婴儿奶粉包装/01"。

文字素材所在位置：光盘中的"Ch09/素材/制作婴儿奶粉包装/文字文档"。

2．设计流程

图 9-366

3．制作要点

使用贝塞尔工具、文本工具、形状工具、网状填充工具和阴影工具制作装饰图形和文字；使用渐变填充工具和矩形工具制作文字效果；使用渐变填充工具、椭圆形工具和透明度工具制作包装展示图。

9.6.3 案例制作及步骤

（1）按 Ctrl+N 组合键新建一个页面，在属性栏的"页面度量"选项中分别设置宽度为 250mm，高度为 300mm，按 Enter 键，页面尺寸显示为设置的大小。

（2）选择"矩形"工具 □，绘制一个矩形，如图 9-367 所示。在属性栏中进行设置，如图 9-368 所示，按 Enter 键，效果如图 9-369 所示。

图 9-367 图 9-368 图 9-369

（3）选择"椭圆形"工具○，绘制一个椭圆形，如图 9-370 所示。选择"选择"工具，用圈选的方法将矩形和椭圆形同时选取，单击属性栏中的"合并"按钮，将两个图形合并为一个图形，效果如图 9-371 所示。

图 9-370 图 9-371

（4）选择"贝塞尔"工具，绘制一个图形，如图 9-372 所示。选择"网状填充"工具，在属性栏中进行设置，如图 9-373 所示，按 Enter 键，效果如图 9-374 所示。

图 9-372 图 9-373 图 9-374

（5）选择"网状填充"工具，用圈选的方法选取需要的节点，如图 9-375 所示。选择"窗口 > 泊坞窗 > 彩色"命令，弹出"颜色泊坞窗"对话框，设置需要的颜色，如图 9-376 所示，单击"填充"按钮，效果如图 9-377 所示。用相同的方法选取其他节点，分别填充适当的颜色，并去除图形的轮廓线，效果如图 9-378 所示。

图 9-375

图 9-376

图 9-377

图 9-378

（6）选择"贝塞尔"工具，绘制一个图形，如图 9-379 所示。选择"网状填充"工具，用上述方法对图形进行网格填充，并去除图形的轮廓线，效果如图 9-380 所示。

图 9-379

图 9-380

（7）选择"2 点线"工具，绘制一条直线，在属性栏中将"轮廓宽度" .2 mm 选项设为 0.1，按 Enter 键，效果如图 9-381 所示。选择"选择"工具，按数字键盘上的+键复制直线，并拖曳到适当的位置，如图 9-382 所示。

图 9-381

图 9-382

（8）选择"调和"工具，在两条直线之间拖曳鼠标应用调和。在属性栏中的设置如图 9-383

所示，按 Enter 键，效果如图 9-384 所示。

图 9-383

图 9-384

（9）选择"透明度"工具 ，在图形上从左向右拖曳光标，为图形添加透明度效果。在属性栏中进行设置，如图 9-385 所示，按 Enter 键，效果如图 9-386 所示。

图 9-385

图 9-386

（10）选择"选择"工具 ，在"CMYK 调色板"中"10%黑"色块上单击鼠标右键，填充调和直线，效果如图 9-387 所示。按 Shift+PageDown 组合键，将调和图形向后移到最底层。

（11）选择"对象 > 图框精确剪裁 > 置于图文框内部"命令，鼠标指针变为黑色箭头，在瓶身上单击，如图 9-388 所示。将调和图形置入瓶身中，效果如图 9-389 所示。

（12）按 Ctrl+I 组合键，弹出"导入"对话框，选择光盘中的"Ch09 > 素材 > 制作婴儿奶粉包装 > 01"文件，单击"导入"按钮，在页面中单击导入图片，将其拖曳到适当的位置，效果如图 9-390 所示。

图 9-387　　　　　　　图 9-388　　　　　　　图 9-389　　　　　　　图 9-390

（13）选择"贝塞尔"工具 ，绘制一个图形，如图 9-391 所示。在"CMYK 调色板"中"红"色块上单击鼠标，填充图形，并去除图形的轮廓线，效果如图 9-392 所示。

（14）选择"选择"工具，按数字键盘上的+键，复制图形，并调整图形的大小，效果如图 9-393 所示。

图 9-391　　　　　　　　　图 9-392　　　　　　　　　图 9-393

（15）选择"阴影"工具，在图形上从上向下拖曳光标，为图形添加阴影效果。在属性栏中进行设置，如图 9-394 所示，按 Enter 键，效果如图 9-395 所示。

图 9-394　　　　　　　　　　　　　　　　图 9-395

（16）选择"选择"工具，在"CMYK 调色板"中"白"色块上单击鼠标，填充图形，效果如图 9-396 所示。按 Ctrl+PageDown 组合键，将图形向后移动一层，效果如图 9-397 所示。

（17）选择"文本"工具，输入需要的文字。选择"选择"工具，在属性栏中选择合适的字体并设置文字大小，填充为白色，效果如图 9-398 所示。

图 9-396　　　　　　　　图 9-397　　　　　　　　图 9-398

（18）按 Ctrl+Q 组合键将文字转曲。选择"形状"工具，用圈选的方法选取需要的节点，如图 9-399 所示。水平向右拖曳到适当的位置，效果如图 9-400 所示。用相同的方法调整其他节点，文字效果如图 9-401 所示。

图 9-399　　　　　　　　图 9-400　　　　　　　　图 9-401

（19）选择"选择"工具 ，选择红色心形图形。按数字键盘上的+键，复制图形。按 Shift+PageUp 组合键，将复制的图形向前移动到最顶层，效果如图 9-402 所示。在"CMYK 调色板"中"黄"色块上单击鼠标，填充图形，并调整其位置和大小，效果如图 9-403 所示。用相同的方法制作其他心形图形，并填充为黄色，效果如图 9-404 所示。

图 9-402　　　　　　　　　　图 9-403　　　　　　　　　　图 9-404

（20）选择"文本"工具 ，输入需要的文字。选择"选择"工具 ，在属性栏中选取适当的字体并设置文字大小，效果如图 9-405 所示。选择"形状"工具 ，文字的编辑状态如图 9-406 所示，向左拖曳文字下方的 图标调整字距，松开鼠标后，效果如图 9-407 所示。

图 9-405　　　　　　　　　　图 9-406　　　　　　　　　　图 9-407

（21）按 F11 键，弹出"编辑填充"对话框，在"节点位置"选项中分别添加并输入 0、58、100 几个位置点，分别设置几个位置点颜色的 CMYK 值为 0（100、100、0、0）、58（100、0、0、0）、100（100、100、0、0），其他选项的设置如图 9-408 所示，单击"确定"按钮，填充文字，效果如图 9-409 所示。

图 9-408　　　　　　　　　　　　　　　　　　　　图 9-409

（22）按 F12 键，弹出"轮廓笔"对话框，在"颜色"选项中设置轮廓线颜色为白色，其他选项的设置如图 9-410 所示，单击"确定"按钮，效果如图 9-411 所示。

图 9-410　　　　　　　　　　　　　　图 9-411

（23）选择"阴影"工具 ，在文字上从上向下拖曳光标，为文字添加阴影效果。在属性栏中将"阴影颜色"选项的 CMYK 值设为 100、0、0、0，其他选项的设置如图 9-412 所示，按 Enter 键，效果如图 9-413 所示。

图 9-412　　　　　　　　　　　　　　图 9-413

（24）选择"2 点线"工具 ，绘制一条直线，如图 9-414 所示。按 F12 键，弹出"轮廓笔"对话框，在"颜色"选项中设置轮廓线颜色的 CMYK 值为 0、40、60、20，其他选项的设置如图 9-415 所示，单击"确定"按钮，效果如图 9-416 所示。按 Ctrl+PageDown 组合键，将直线向下移动一层，效果如图 9-417 所示。

（25）选择"矩形"工具 ，绘制一个矩形，如图 9-418 所示。按 F11 键，弹出"编辑填充"对话框，在"节点位置"选项中分别添加并输入 0、50、100 几个位置点，分别设置几个位置点颜色的 CMYK 值为 0（100、100、0、0）、50（100、0、0、0）、100（100、100、0、0），其他选项的设置如图 9-419 所示，单击"确定"按钮，填充图形，并去除图形的轮廓线，效果如图 9-420 所示。

图 9-414　　　　　　　　　　　　图 9-415　　　　　　　　　　　　图 9-416

图 9-417   图 9-418

图 9-419   图 9-420

（26）选择"文本"工具 字，输入需要的文字。选择"选择"工具 ，在属性栏中选取适当的字体并设置文字大小，效果如图 9-421 所示。选择"形状"工具 ，文字的编辑状态如图 9-422 所示，向左拖曳文字下方的 图标调整字距，松开鼠标后，效果如图 9-423 所示。在"CMYK 调色板"中的"白"色块上单击鼠标，填充文字，效果如图 9-424 所示。

图 9-421   图 9-422   图 9-423   图 9-424

（27）选择"选择"工具 ，选择需要的图形，如图 9-425 所示。按数字键盘上的+键，复制图形，水平向下拖曳到适当的位置，效果如图 9-426 所示。

（28）选择"文本"工具 字，输入需要的文字。选择"选择"工具 ，在属性栏中选取适当的字体并设置文字大小，设置文字颜色的 CMYK 值为 100、0、0、0，填充文字，效果如图 9-427 所示。

图 9-425   图 9-426   图 9-427

（29）选择"星形"工具 ，在属性栏中进行设置，如图 9-428 所示。按住 Ctrl 键的同时，拖曳光标绘制图形，设置图形颜色的 CMYK 值为 100、0、0、0，填充图形，并去除图形的轮廓线，效果如图 9-429 所示。在属性栏中将"旋转角度" 选项设为 9，按 Enter 键，效果如图 9-430 所示。

图 9-428

图 9-429

图 9-430

（30）选择"选择"工具，按数字键盘上的+键，复制图形。设置图形颜色的 CMYK 值为 100、100、0、0，填充图形，效果如图 9-431 所示。在属性栏中将"旋转角度" 选项设为 0，按 Enter 键，效果如图 9-432 所示。

（31）选择"椭圆形"工具，按住 Ctrl 键的同时，在适当的位置拖曳光标绘制一个圆形，设置图形颜色的 CMYK 值为 0、0、100、0，填充图形，并去除图形的轮廓线，效果如图 9-433 所示。

图 9-431　　　　　图 9-432　　　　　图 9-433

（32）选择"透明度"工具，在图形上从右上方向左下方拖曳光标，为图形添加透明度效果。在属性栏中进行设置，如图 9-434 所示，按 Enter 键，效果如图 9-435 所示。

图 9-434

图 9-435

（33）选择"文本"工具，输入需要的文字。选择"选择"工具，在属性栏中选取适当的字体。选择"文本"工具，分别选取需要的文字，调整其大小，效果如图 9-436 所示。设置文字颜色的 CMYK 值为 0、0、100、0，填充文字，效果如图 9-437 所示。

（34）选择"形状"工具，文字的编辑状态如图 9-438 所示，向左拖曳文字下方的图标调整字距，松开鼠标后，效果如图 9-439 所示。

图 9-436

图 9-437

图 9-438

图 9-439

（35）选择"文本"工具 ，输入需要的文字。选择"选择"工具 ，在属性栏中选取适当的字体并设置文字大小，设置文字颜色的 CMYK 值为 100、0、0、0，填充文字，效果如图 9-440 所示。选择"形状"工具 ，文字的编辑状态如图 9-441 所示，向下拖曳文字下方的 图标调整行距，松开鼠标后，效果如图 9-442 所示。

（36）选择"椭圆形"工具 ，按住 Ctrl 键的同时，在适当的位置拖曳光标绘制一个圆形，设置图形颜色的 CMYK 值为 100、100、0、0，填充图形，并去除图形的轮廓线，效果如图 9-443 所示。

| 图 9-440 | 图 9-441 | 图 9-442 | 图 9-443 |

（37）选择"文本 > 插入字符"命令，弹出"插入字符"对话框，按需要进行设置并选择需要的字符，如图 9-444 所示，拖曳字符到页面适当的位置并调整其大小，效果如图 9-445 所示，填充图形为白色，并去除图形的轮廓线，效果如图 9-446 所示。

| 图 9-444 | 图 9-445 | 图 9-446 |

（38）选择"选择"工具 ，用圈选的方法选取需要的图形，按 Ctrl+G 组合键，将其群组。连续两次单击数字键盘上的+键，复制图形，并分别垂直向下拖曳到适当的位置，效果如图 9-447 所示。

（39）选择"贝塞尔"工具 ，绘制一个图形，如图 9-448 所示。按 F11 键，弹出"编辑填充"对话框，在"节点位置"选项中分别添加并输入 0、54、100 几个位置点，分别设置几个位置点颜色的 CMYK 值为 0（100、0、0、0）、54（60、0、0、0）、100（100、0、0、0），其他选项的设置如图 9-449 所示，单击"确定"按钮，填充图形，效果如图 9-450 所示。多次按 Ctrl+PageDown 组合键，将图形向下移动到适当的位置，效果如图 9-451 所示。

| 图 9-447 | 图 9-448 |

图 9-449　　　　　　　　　　图 9-450　　　图 9-451

（40）选择"椭圆形"工具 ⊙，按住 Ctrl 键的同时，在适当的位置拖曳光标绘制一个圆形，设置图形颜色的 CMYK 值为 100、0、0、0，填充图形，效果如图 9-452 所示。

（41）按 F12 键，弹出"轮廓笔"对话框，在"颜色"选项中设置轮廓线颜色为白色，其他选项的设置如图 9-453 所示，单击"确定"按钮，效果如图 9-454 所示。

图 9-452　　　　　　　图 9-453　　　　　　　图 9-454

（42）选择"阴影"工具 ▢，在图形上从上向下拖曳光标，为图形添加阴影效果。在属性栏中将"阴影颜色"选项的 CMYK 值设为 0、0、100、0，其他选项的设置如图 9-455 所示，按 Enter 键，效果如图 9-456 所示。

图 9-455　　　　　　　　　　图 9-456

（43）选择"文本"工具 字，分别输入需要的文字。选择"选择"工具 ▯，分别在属性栏中选择合适的字体并设置文字大小，填充文字为白色，效果如图 9-457 所示。用上述方法制作右下角的图形和文字，并填充适当的颜色，效果如图 9-458 所示。

271

图 9-457　　　　　　　　　　图 9-458

（44）选择"选择"工具 ，选择需要的图形，如图 9-459 所示。在"CMYK 调色板"中的"无填充"按钮 上单击鼠标右键，去除图形的轮廓线，效果如图 9-460 所示。按数字键盘上的+键，复制图形。按 Shift+PageUp 组合键，将图形向前移动到最顶层。

图 9-459　　　　　　　　　　图 9-460

（45）按 F11 键，弹出"编辑填充"对话框，在"节点位置"选项中分别添加并输入 0、4、12、30、50、54、65、82、100 几个位置点，分别设置几个位置点颜色的 CMYK 值为 0（0、0、0、30）、4（0、0、0、10）、12（0、0、0、0）、30（0、0、0、0）、50（0、0、0、30）、54（0、0、0、30）、65（0、0、0、0）、82（0、0、0、0）、100（0、0、0、40），其他选项的设置如图 9-461 所示，单击"确定"按钮，填充图形，效果如图 9-462 所示。

图 9-461　　　　　　　　　　图 9-462

（46）选择"透明度"工具 ，在属性栏中单击"均匀透明度"按钮 ，其他选项的设置如图

9-463 所示，按 Enter 键，效果如图 9-464 所示。

（47）选择"选择"工具 ，选取需要的图形，如图 9-465 所示。按 Shift+PageUp 组合键，将图形向前移动到最顶层，效果如图 9-466 所示。

　　　图 9-463　　　　　　　　图 9-464　　　　　　　图 9-465　　　　　　　图 9-466

（48）选择"椭圆形"工具 ，绘制一个椭圆形，设置图形颜色的 CMYK 值为 0、0、0、20，填充图形，并去除图形的轮廓线，效果如图 9-467 所示。按 Shift+PageDown 组合键将图形向下移动到最底层，效果如图 9-468 所示。婴儿奶粉包装制作完成。

　　　　　图 9-467　　　　　　　　　　　图 9-468

课堂练习 1——制作牛奶包装

练习 1.1　【项目背景及要求】

1.客户名称
MILK 食品有限公司。

2.客户需求
MILK 食品是集食品生产、销售为一体的食品有限公司。公司现在新推出一款纯牛奶饮品，需要设计包装。要求包装风格清新，表现公司的品质和绿色食品的理念。

3.设计要求
（1）包装设计要求色彩鲜艳，具有趣味性。
（2）运用奶牛的卡通形象，表现出牛奶的新鲜、绿色环保等特性。

（3）要求将文字进行具有特色的设计，使消费者留有很深的视觉印象。

（4）设计规格均为 210mm（宽）× 297mm（高）。

练习 1.2 【项目创意及制作】

1.素材资源

图片素材所在位置：光盘中的"Ch09/素材/制作牛奶包装/01~03"。

2.作品参考

设计作品参考效果所在位置：光盘中的"Ch09/效果/制作牛奶包装.cdr"，
效果如图 9-469 所示。

图 9-469

3.制作要点

使用贝塞尔工具和渐变工具绘制瓶身；使用矩形工具和图框精确剪裁命令制作瓶盖；使用椭圆
形工具和贝塞尔工具制作标志和标签。

课堂练习 2——制作 CD 包装

练习 2.1 【项目背景及要求】

1. 客户名称

自然人音乐制作室。

2. 客户需求

自然人音乐制作室是一家涉及唱片印刷、唱片出版、音
乐制作、版权代理及无线运营等业务的音乐制作室，公司即
将推出一张名叫《梦幻之风》的音乐专辑，需要制作专辑封
面，封面设计要围绕专辑主题，注重专辑内涵的表现。

3. 设计要求

（1）包装封面使用自然美景的摄影照片，使画面看起来
清新自然。

（2）封面多使用黄色作为搭配，使人感到温暖舒适。

（3）整体风格贴近自然，通过包装的独特风格来吸引消
费者的注意。

图 9-470

（4）设计规格均为 297mm（宽）×210mm（高），分辨率为 300 dpi。

练习 2.2 【项目创意及制作】

1. 素材资源

图片素材所在位置：光盘中的"Ch09/素材/制作 CD 包装/01"。

文字素材所在位置：光盘中的"Ch09/素材/制作 CD 包装/文字文档"。

2．作品参考

设计作品参考效果所在位置：光盘中的"Ch09/效果/制作 CD 包装.cdr"，效果如图 9-470 所示。

3．制作要点

使用矩形、椭圆形工具、移除前面对象命令和图框精确剪裁命令制作 CD 盒背景效果；使用贝塞尔工具和透明度工具绘制装饰图形；使用文本工具、渐变填充工具和阴影工具添加文字效果。

课后习题 1——制作香粽包装

习题 1.1 【项目背景及要求】

1．客户名称

佳节食品有限公司。

2．客户需求

佳节食品有限公司是一家经营糕点甜品为主的食品公司，在端午节即将到来之际，公司生产了一款香粽，要求设计粽子的外包装，粽子是中国的传统食品，包装要求既要符合传统特色，又要具有创新。

3．设计要求

（1）包装风格要求使用具有端午节的风格，体现传统特色。

（2）字体要求使用书法字体，配合整体的包装风格，使包装更具文化气息。

（3）设计要求简洁大气，图文搭配编排合理，视觉效果强烈。

（4）以真实简洁的方式向观者传达信息内容。

（5）设计规格均为 300 mm（宽）×300 mm（高），分辨率为 300 dpi。

习题 1.2 【项目创意及制作】

1．素材资源

图片素材所在位置：光盘中的"Ch09/素材/制作香粽包装/01~04"。

文字素材所在位置：光盘中的"Ch09/素材/制作香粽包装/文字文档"。

2．作品参考

设计作品参考效果所在位置：光盘中的"Ch09/效果/制作香粽包装.cdr"，效果如图 9-471 所示。

3．制作要点

使用矩形工具和渐变填充工具制作背景效果；使用文本

图 9-471

工具、段落格式化命令和透明度工具制作背景文字效果；使用形状工具和阴影工具制作产品名称；使用贝塞尔工具和形状工具制作印章效果。

课后习题 2——制作午后甜点包装

习题 2.1 【项目背景及要求】

1. 客户名称
麦食客食品有限公司。

2. 客户需求
麦食客食品有限公司是一家专门经营西点面包的公司，公司近期决定生产一个系列的不同口味的面包，需要为该款面包制作外包装，要求设计适用于一个系列的产品，美观简洁。

3. 设计要求
（1）面包的包装要求使用透明的包装纸，能够直观地让消费者看到产品。
（2）色彩搭配要符合系列产品的特色。
（3）面包的包装文字清晰直观，使人一目了然。
（4）设计规格均为 297 mm（宽）×210 mm（高），分辨率为 300 dpi。

习题 2.2 【项目创意及制作】

1. 素材资源
图片素材所在位置：光盘中的"Ch09/素材/制作午后甜点包装/01~02"。
文字素材所在位置：光盘中的"Ch09/素材/制作午后甜点包装/文字文档"。

2. 作品参考
设计作品参考效果所在位置：光盘中的"Ch09/效果/制作午后甜点包装.cdr"，效果如图 9-472 所示。

图 9-472

3. 制作要点
使用矩形工具、透明度工具、贝塞尔工具和高斯式模糊命令制作包装立体效果；使用网状填充工具制作包装封口线；使用文本工具添加文字；使用矩形工具、椭圆形工具和渐变填充工具制作装饰图形。